사랑하는 내 아이에게
갓 구운 빵과 쿠키

사랑하는 내 아이에게 갓 구운 빵과 쿠키

중앙books
JoongAng Ilbo

아이들을 키우며
행복한 기다림과 설렘으로 함께 해온

엄마의 홈베이킹을 가득 담았습니다

PROLOGUE

슈라는 빵을 좋아하는 남편을 만나 이탈리아에 살게 되면서 베이킹을 시작했어요. 한국식 빵을 그리워하는 남편에게 팥빵도 만들어 주고 소보로 빵도 시도해 보면서 밀가루를 만지고 오븐을 켰죠. 인터넷이 없던 시절 한국에서 가져온 베이킹 책 몇 권을 보고 따라 만들었는데, 슬프게도 빵은 늘 딱딱했고 케이크는 푹 주저앉기 일쑤였죠. 실패만 하니 의욕도 점점 사라지더군요.

그러던 중 한번은 사과 케이크를 아주 잘 만드는 옆집 할머니 안젤라에게 레시피를 배우게 됐어요. 안젤라는 작업판 위에 밀가루를 대충 쏟아놓고, 그 밀가루 중앙에 설탕과 나머지 재료를 섞어 포크로 슬슬 반죽하더니 어느새 뚝딱 케이크를 완성하더군요. 수십 년을 같은 작업대 위에서 같은 밀가루와 포크로 만들어온 안젤라의 사과 케이크는 내가 맛본 것 중 최고였죠.

이탈리아 사람들은, 한국이라면 제과점이나 카페에서 사 먹을 케이크와 과자들을 집에서 만들어 먹더라고요. 복잡한 도구나 기교 없이 밥 수저 계량과 포크 반죽으로 쉽게 쉽게 말이에요. 우리네 할머니들이 대충 손 감각으로 집 밥을 하는 것과 비슷하죠.

안젤라 할머니를 만난 이후 다시 용기를 내 베이킹을 시작했는데, 일단 한국식 베이킹을 100% 재현한다는 욕심은 잠시 버리기로 했어요. 제가 그 당시의 베이킹 책을 보면서 놀란 것이 있는데, 화학 재료(쉽게 상하지 않고 부드러운 식감을 유지하도록 하는 유화제, 계면활성제 등)가 들어가고 버터와 설탕의 양도 상당하다는 점이었어요. 우리 가족들을 위한 건강한 빵을 굽고 싶었는데 제가 찾은 해답은 심플한 이탈리아식 베이킹이었죠.

생크림이나 버터 크림으로 장식한 화려한 케이크보다는 가벼운 타르트 반죽에 잼을 바른 담백한 케이크를, 버터가 많이 들어간 쿠키보다는 버터를 줄인 가벼운 식감의 쿠키를 만들었는데 아이들도 좋아하더군요. 입맛은 길들여진 것일 뿐, 처음부터 건강하고 부담 없는 맛을 접하게 한다면 아이들도 이를 선호하는 것 같아요.

쌀 베이킹과 노 글루텐 베이킹에도 관심을 가지게 되었는데, 밀가루 알레르기가 있는 이탈리아 친구 덕분이었죠. 쌀가루는 물론이고 오트밀가루, 메밀가루, 기장가루 등등 꼭 밀가루가 아니어도 빵은 만들어진다는 재미있는 사실을 알게 되었답니다. 그 친구 덕분에 그야말로 무궁무진한 베이킹의 또 다른 세계에 눈을 뜬 셈이죠(다행히 친구는 한국인 남편을 만나 주방에 오븐 대신 밥통을 올려놓고 빵 대신 하얀 밥에 샐러드와 생선을 구워 먹고 살죠).

이렇게 실수와 시행착오를 반복하며 긴 시간 완성된 슈라네 심플 베이킹은 이제 여느 제과점 베이킹을 재현할 필요가 없을 만큼 맛있는 레시피들로 가득 채워졌답니다. 이를 나른 많은 엄마들괴도 공유하고 싶어요. 시판 베이킹에서 만날 수 없는 좀 더 건강한 재료로 쉽게 만들 수 있다면, 육아에 바쁜 엄마들도 베이킹에 도전해 볼 만하겠죠.

아이들이 자라고 나니, 엄마로서 함께 했던 베이킹 시간이 아이들에게 그 어느 사교육보다 값진 투자였다는 생각이 들어요. 아이들이 부엌에 들어오면 일이 더 많아지는 것은 당연하지만, 그만큼 아이들과 이야기를 나누고 가까워질 수 있죠. 그런 공간이 바로 부엌이 아닐까 생각합니다. 집에서 한정된 도구로 만들 수 있는 최대한과 최소한을, 아이들과 함께 작업을 해도 성공할 수 있도록 어렵지 않은 테크닉으로 자세히 설명해 보려고 노력했어요.
네 아이를 키우며, 행복한 기다림과 설렘으로 함께 해온 엄마표 홈베이킹을 이곳에 가득 담았습니다. 홈베이킹의 푸근한 숨은 매력을 부디 좀 더 많은 분들이 알게 되길 바랍니다.

슈라

CONTENTS

CHAPTER 5

이색 재료로 호기심까지 쑥쑥!
아이디어 쿠키&머핀

CHAPTER 6

어린이집, 유치원 친구들에게
선물하기 좋은 예쁜 과자

CHAPTER 10

영원한 빵의 친구 잼 만들기

일러두기

슈라의 베이킹은 '좀 더 건강하게, 좀 더 속이 편하게'를 고민하며 완성된 레시피입니다. 때문에 버터 대신 오일을, 설탕 대신 꿀이나 메이플 시럽을, 밀가루 대신 쌀가루, 오트밀 가루, 메밀가루, 보릿가루 등 다양한 곡물을 사용해 만드는 경우가 많아요. 그래서 각 레시피마다 'No Butter', 'No Sugar', 'No Egg', 'No Flour' 중 해당 사항을 아이콘으로 표시해 두었습니다. 아이들에게 덜 먹이고 싶은 재료가 있으면 이 아이콘을 참고해서 레시피를 선택해 보세요.

아이콘 표시는 슈라가 기본으로 사용한 재료를 기준으로 하였고, 괄호 속에 표기한 대체 재료는 고려하지 않았으니 참고하세요.

CHAPTER 1

베이킹과
친구해요

알고 보면 부침개보다, 때로는 달걀말이보다 쉬운 게
베이킹이에요. 지금부터 슈라의 말만 찰떡같이 믿고
베이킹과 친구해보지 않으실래요? 필요한 것은 딱 두
가지, 오븐과 저울만 있으면 돼요.

오븐과 저울만 있으면
베이킹을 할 수 있다

'베이킹? 오븐도 있어야 하고 필요한 도구도 많고…. 이 많은 걸 어떻게 준비해? 그냥
안 하고 말지….' 이렇게 생각한 적 없나요? 하지만 정말 필요한 도구는 딱 두 가지, 오
븐과 저울뿐! 나머지는 거들 뿐이죠.
오븐과 저울만 있으면 베이킹을 시작할 수 있어요. 쿠키도, 케이크도, 빵도 가능하죠.
하다가 욕심이 나면 그때 하나씩 편리한 도구를 더 사도 좋으니 일단 시작해보세요.

빵을 맛있게 구워줄 오븐

홈베이킹을 17년째 하면서 저를 거쳐간 오븐은 네 개 정도 돼요. 이사를 갈
때마다 오븐이 있는 집으로 가게 되어 여러 가지 오븐을 써본 결과 제가 지
금 사용하는 오븐이 가장 마음에 들어요. 오븐 내부에 팬(fan)이 있어 온도
를 일정하게 유지해 주는 효과가 있답니다.
반죽이 잘 된 빵이나 과자도 마지막 굽는 과정에서 색이 나지 않거나 탄다
면 실패라 할 수 있죠. 오븐을 잘 사용할 수 있는 기본적인 노하우를 알려
드릴게요. 우선 각 가정의 오븐마다 특성이 다르기 때문에 오븐 상태를 잘
파악하는 것이 중요합니다.

1 내 오븐의 특성을 파악하세요

요즘에는 미니 오븐도 있고, 가스 오븐, 전기 오븐, 전기 오븐에 환풍 효과가 있는 오븐까지 다양한 오븐이 있죠. 오븐
은 종류에 따라 조리 시간도 조금 달라지지만, 동일한 회사의 같은 제품이라 할지라도 한쪽 부분의 불이 세다든지, 뒷
부분이나 앞부분만 타는 등 개별 오븐의 특성은 또 다를 수 있어요. 몇 번 사용해보고 오븐의 특성을 파악해보세요. 불
이 세서 타는 자리는 피해서 반죽을 놓는다든가, 다른 오븐보다 가열이 잘 된다면 굽는 시간을 레시피보다 조금 단축하
는 등 융통성 있게 조절하세요.

2 굽기 10분 전 꼭 예열하세요

오븐에 따라, 기계의 특성에 따라 예열하는 시간이 다르긴 하나 보통 10분 정도의 충분한 예열이 필요합니다. 예열을
하지 않고 오븐에 케이크나 빵 반죽을 넣을 경우 열이 골고루 전달되지 않아 세내도 익지 않거나 반죽이 주저앉는 경우
가 생긴답니다.

3 굽는 도중 문 열지 마세요

초보자들이 자주 실수하는 것 중 하나가 빵이나 케이크를 굽는 도중 급하고 궁금한 마음에 오븐을 여는 것이죠. 오븐이 작동 중인 상태에서 문을 열면 온도가 급격히 떨어져 케이크의 경우 반죽이 주저앉을 수 있고, 빵의 경우 딱딱해질 수 있어요. 굽는 과정 중에 구워진 상태를 꼭 식별하고 싶다면 적어도 레시피상의 굽는 시간 2/3 이상 경과 후 확인하세요. 하지만 베이킹파우더 같은 팽창제를 넣지 않고 부풀린 케이크, 즉 카스텔라나 스펀지 케이크 같은 경우에는 절대 열어보면 안 돼요.

정확한 계량을 위한 저울

베이킹은 정확한 분량을 계량하는 것이 중요해요. 계량컵을 사용해도 되지만 슈라는 전자저울이 편하더라고요. 작업하던 볼을 바로 놓고 다음 재료를 더해 가며 계량할 수 있어 설거지감이 적고 진행이 빠르죠. 1~2kg 정도까지 계량할 수 있는 가정용 눈금저울을 쓸 수도 있지만, 1~2g 단위의 소량까지 정확히 계량하기 위해선 전자저울을 사용하는 것이 편리해요.

작은 단위를 계량할 때는 저울 대신 계량스푼을 사용하기도 하는데 '1ml = 1g'이라 생각하면 됩니다. 계량스푼이 없다면 아이들 약을 먹일 때 사용하는 작은 약통에 있는 계량 눈금으로 사용해도 돼요.

그리고 어느 집에나 있는 거품기

어느 집에나 있는 거품기예요. 반죽을 섞을 때 유용하게 쓰입니다. 저는 가루 종류나 팽창제를 섞어줄 때 체에 쳐서 내리는 대신 거품기로 섞기도 해요.

요즘에는 오븐을 사면 같이 주는 핸드믹서에 거품기 부속이 있어서 편리하게 전동거품기를 사용하기도 하지요. 전동거품기는 생크림이나 흰자 거품(머랭)을 만들 때 유용하게 쓸 수 있어요. 하지만 일반 거품기만으로도 만들 수 있는 베이킹 메뉴가 많고, 생크림이나 머랭도 거품기로 아주 열심히 저으면 힘들긴 하지만 만들 수 있으니 전동거품기가 꼭 필요한 건 아니에요. 일단 베이킹을 시작해보고 나중에 장만해도 괜찮아요.

있으면 편리한 도구 vs 없을 때 대용품

오븐과 저울만 있으면 일단 베이킹을 시작할 수 있지만 하다 보면 도구에 욕심이 나기 마련이죠. 자주 사용할 것 같다는 확신이 들면 하나씩 추가로 도구를 장만해도 좋아요. 있으면 편리한 도구들과, 없어도 대체할 수 있는 대용품을 알려드릴게요.

도구	사용법	대용품	사용법
유산지	빵이나 쿠키를 구울 때 빵틀이나 오븐 팬에 들러붙지 않도록 까는 것이 유산지예요. 오븐 팬에 코팅이 잘 되어 있으면 (검은색 팬인 경우 보통 코팅 팬이죠) 필요 없기도 하지만, 쓰면서 코팅이 벗겨지기도 하고, 깔끔하게 분리하기 위해선 사용하는 것이 좋아요.	철판 이형제 (오일＋밀가루)	유산지 대신 빵틀이나 오븐 팬에 버터나 오일을 바르고 밀가루를 조금 뿌린 후 반죽을 얹어 구우면 깨끗하게 잘 분리돼요.
전동거품기	재료들을 섞을 때, 또는 달걀, 버터, 생크림의 거품을 낼 때 사용하면 편해요. 전동이라 힘들지 않게 거품을 낼 수 있죠.	거품기	거품기 날개가 많은 것은 거품을 낼 때, 날개가 적은 것은 재료를 섞을 때 사용해요. 흰자 거품, 생크림 거품 등을 내려면 10분 정도 힘차게 저어야 해요. 전동거품기에 비해 팔 힘이 많이 필요해요.
밀대	파이, 쿠키용 반죽을 납작하게 밀 때 필요해요.	평평한 병	평평하게 생긴 병이라면 얼마든지 밀대 역할을 할 수 있어요. 표면을 깨끗하게 씻어 사용하세요.
쿠키 틀	별, 하트, 인형 모양 등 쿠키에 다양한 모양을 낼 때 사용해요.	컵, 페트병 뚜껑	컵이나 페트병 뚜껑으로 반죽을 찍어서 다양한 모양을 낼 수 있어요. 큰 원 안에 작은 원을 하나 찍으면 링 모양, 여러 개 찍으면 또 다른 모양이 되죠.

도구	사용법	대용품	사용법
짤주머니	머핀이나 케이크, 쿠키 반죽을 깔끔하게 짜 넣거나 케이크 등에 크림 장식을 할 때 사용해요.	비닐 백, 마요네즈 또는 케첩 용기	비닐 백에 반죽을 채워 아랫단에 작게 구멍을 내 사용하거나, 쿠키나 생크림 장식처럼 모양을 내야 할 경우에는 부드러운 플라스틱으로 된 마요네즈나 케첩 용기에 반죽을 채워 넣어 사용해요.
모양 깍지	쿠키 반죽을 모양 내서 짜거나 케이크에 생크림 장식을 할 때 필요한 도구죠.	마요네즈 또는 케첩 용기	케첩이나 마요네즈 용기를 잘 씻어 물기를 없앤 후 반죽을 채워 사용합니다. 반죽이 묽은 쿠키, 도넛, 크림의 경우 사용하기 좋아요.
붓	식빵, 모닝빵 등을 만들 때 표면에 광택을 내기 위해 달걀물이나 우유를 바를 때 필요합니다.	실리콘 주걱 또는 비닐장갑	붓 대신 비닐장갑을 끼고 손가락에 묻혀 발라주거나 실리콘 주걱으로 발라줘도 충분해요.
식힘망	케이크나 빵, 파이를 구운 후 틀에서 분리해 식힐 때 사용해요. 이렇게 식힘망에 놓고 식혀야 눅눅해지지 않고 케이크가 가라앉지 않아요.	대나무 바구니 또는 김발	바람 송송 통하는 넓적한 대나무 바구니나 김발을 식힘망으로 사용해도 좋아요. 아래로 바람이 잘 통하도록 대접 등으로 받치고 사용하세요.

케이크 틀

틀 없이도 구울 수 있는 쿠키나 빵이 많지만, 파운드 케이크, 원형 케이크, 시폰 케이크 등은 틀이 있어야만 제대로 구울 수 있죠. 케이크 종류를 자주 굽는다면 틀을 갖춰 두어야 해요. 요즘에는 은박이나 종이로 된 일회용 틀도 베이킹 재료 숍에서 판매하고 있으니 부담 없이 이용할 수 있어요.

<h1 style="text-align:center">슈라표 베이킹의
비법 재료</h1>

어떤 재료를 얼마나 넣느냐에 따라서 쿠키나 빵의 맛이 180도로 달라지죠. 아이들과 함께 먹을 거니까 슈라는 가능하면 맛있으면서도 좀 더 건강하게, 먹은 후에도 속이 편한 베이킹을 하고 싶었어요. 여러 가지 재료 테스트도 해보고 시행착오도 겪었답니다. 그런 슈라가 베이킹에 즐겨 사용하는 재료를 소개할게요.

바닐설탕

슈라는 꼭 설탕을 넣어야 한다면 비정제 설탕을 사용해요. 화학적인 정제 과정을 거치지 않아 미네랄과 무기질이 풍부하고 단맛이 정제 설탕보다는 약하거든요. 비정제 설탕에 '베이킹' 하면 빠지지 않는 향신료인 바닐라빈을 넣어두고 바닐라 향이 밴 '바닐설탕' 상태로 만들어 두고 쓰고 있어요. '바닐설탕'은 그냥 슈라가 편의상 만든 말이에요.

천연 바닐라를 껍질째 건조한 바닐라빈의 알갱이를 발라내 비정제 설탕과 섞어 놓으면, 바닐라 향과 비정제 설탕의 깊은 맛이 합쳐져 달걀이나 밀가루, 쌀가루에서 나는 특유의 냄새를 없앨 수 있어요. 매번 바닐라빈을 사서 넣기에는 가격이 부담되기도 하고 번거롭기도 해서 이렇게 설탕에 넣어두고 쓰는데 아주 편하답니다.

한국의 설탕 제품 중에는 엄밀한 의미의 비정제 설탕은 없는 것으로 알고 있어요. 코스트코 같은 대형 마트나 아이허브(kr.iherb.com) 같은 온라인 숍에서 외국 제품들 중에 어렵지 않게 비정제 설탕을 찾을 수 있어요. 구하기 힘들면 일반 설탕으로 대체해도 돼요.

만들기

만드는 방법은 아주 쉬워요. 바닐라빈 한 개를 반으로 갈라 칼로 씨를 긁어낸 다음 비정제 설탕 500g에 잘 섞어주시면 됩니다. 긁어낸 바닐라빈 껍질도 아까우니 같이 넣어주세요.

◢ 리코타 치즈

리코타 치즈는 우유에서 지방을 빼고 만든 가벼운 치즈인데 애피타이저, 고기 요리, 케이크에 이르기까지 두루두루 쓰이는 팔방미인 같은 고소한 치즈랍니다. 슈라는 케이크의 식감을 좀 더 가볍게 만들고 싶을 때 사용해요. 일반 크림치즈를 사용할 때보다 우유의 풍미는 살짝 덜하지만, 먹고 난 후 느끼하고 무거운 느낌이 덜해 좋습니다. 장식용 크림으로도 자주 사용하죠.

요즘은 집에서도 쉽게 리코타 치즈를 만들 수 있죠. 숙성시키는 치즈는 많은 시간이 소요되고 칼리오(caglio) 또는 레닛(rennet)이라고 하는 응고 효소가 필요하지만, 리코타 같은 부드러운 치즈는 칼리오가 없어도 집에서 간단하게 만들 수 있답니다.

만들기

재료

우유 500ml, 생크림 100ml, 소금 약간,
사과식초 1작은술 또는 레몬즙 1/2개분,
가제수건(거름망)

tip 생크림은 설탕이 들어가지 않은 것으로, 거품을 내기 전 상태의 제빵용 생크림을 사용합니다.

1 먼저 분량의 생크림과 우유에 소금을 아주 약간 넣고 끓이기 시작합니다.

2 우유가 끓기 시작하면 식초 또는 레몬즙을 넣고 우유가 뭉치기 시작하면 잘 저어가며 1분 정도 더 끓여요.

3 크기가 넉넉한 볼에 면으로 된 거름망을 깔고 체를 받쳐 순두부처럼 뭉글해진 2의 치즈를 부어 줍니다. 1시간 정도 두고 물기를 빼주세요(거름망에서 나온 물은 버리지 말고, 세안할 때 사용해도 좋답니다).

4 물기를 뺀 후 바로 먹으면 부드러운 크림치즈 질감의 치즈가 되고요, 냉장고에 보관한 후 나중에 먹으면 샐러드용으로 좋은 두부 질감의 치즈가 됩니다.

플레인 요거트

촉촉하고 가벼운 맛을 살리기 위해 슈라가 케이크에 자주 넣는 재료입니다. 플레인 요거트를 주로 쓰지만 과일 맛이나 단맛이 첨가된 제품도 사용해요. 요거트 제품의 맛에 따라 케이크의 맛에 변화를 줄 수 있는 재료이기도 하죠.

쌀가루

슈라는 밀가루 알레르기가 있는 이탈리아 친구를 위해 처음 쌀 베이킹을 하기 시작했어요. 그 맛에 반해 자주 만들다 보니 이제 우리 집 아이들도 무척 좋아하죠. 저는 100% 건식 멥쌀가루를 사용해요. 쿠키, 케이크 등으로 완성했을 때 씹히는 질감이 가볍고 좋습니다. 건식 쌀가루는 쌀을 단순히 분쇄한 것이고, 습식 쌀가루는 쌀을 한 번 불렸다가 분쇄, 건조한 것으로 방앗간에서 쌀 빻아오던 것을 연상하면 쉽지요. 습식 쌀가루는 떡이나 쌀 가공식품에 많이 쓰인다고 하네요.

슈라는 일반 건식 쌀가루를 사용하는데 베이킹용으로 나오는 쌀가루도 있어요. 밀가루처럼 박력, 중력, 강력 쌀가루로 시판되는데 쌀가루에 글루텐을 첨가해 만든 것이에요. 베이킹용 쌀가루가 완성됐을 때 맛이 좀 더 부드럽지만, 슈라는 쌀가루 특유의 질감과 맛이 좋아서 일반 건식 쌀가루를 사용합니다. 건식 쌀가루는 대형 마트 등에서 쉽게 구할 수 있어요.

꿀, 메이플시럽, 아가베시럽, 조청

설탕 대신 단맛을 낼 수 있는 천연 당으로, 케이크나 쿠키의 풍미를 더할 수 있는 재료들입니다. 설탕을 썼을 때와는 또 다른 단맛을 낼 수 있어서 그때그때 어울리는 것을 사용해요.

오일

베이킹 재료 중 버터를 줄이거나 빼고 싶을 때 오일을 대신 넣어요. 오일로 대체한다고 해서 칼로리가 확 낮아지는 것은 아니에요. 슈라가 오일을 쓰는 이유는 버터보다 소화도 잘 되고 포도씨유, 올리브유 등은 불포화지방산이어서 콜레스테롤을 저하시키는 등 건강에 좀 더 좋을 것이라 생각하기 때문입니다.

오일은 향이 강하지 않은 오일이면 다 괜찮습니다. 제가 주로 사용하는 오일은 올리브유(엑스트라버진이 아닌 일반 요리용 올리브유입니다. 올리브유 특유의 향이 적은 편이에요), 포도씨유, 쌀기름 등입니다. 캐나다에서 생산된 카놀라유도 권장할 만한 베이킹용 오일입니다. 한국에서 유통되는 카놀라유도 캐나다산이 많으니 쉽게 구할 수 있어요.

▨ 그 밖에 홈베이킹의 필수 재료

기본 재료, 밀가루

쌀가루, 옥수수 가루로도 베이킹이 가능하지만 베이킹의 기본 재료는 역시 밀가루죠. 통밀가루, 강력분, 중력분, 박력분으로 그 종류가 나누어지는데, 통밀가루와 강력분은 단백질 함량이 많아 물이 섞이면 고무 같은 탄성이 생기면서 글루텐 형성이 활발해지죠. 그래서 쫄깃한 식감의 빵을 만들 때 주로 사용합니다. 반면 박력분은 단백질 함량이 적어 바삭한 식감의 파이나 비스킷, 부스러지는 식감의 케이크 등에 적당합니다.

빵을 부풀리는 팽창제

베이킹을 할 때는 보통 부풀리는 역할을 하는 팽창제가 들어가죠. 베이킹파우더나 소다는 화학적인 팽창제이고, 이스트는 살아 있는 팽창제로 흔히 아는 효모를 생각하면 이해가 빠르실 겁니다. 베이킹파우더와 소다는 일반적으로 과자나 케이크에 사용되는데, 베이킹파우더는 전분이 섞여 있어서 실패율이 낮아요. 1~2g 가감해도 쿠키나 케이크가 주저앉거나 냄새 나는 일이 없죠. 반면 소다는 아주 소량을 사용해야 해요. 소다 사용이 과해지면 빵에서 암모니아 냄새가 나는 경우도 있어요.

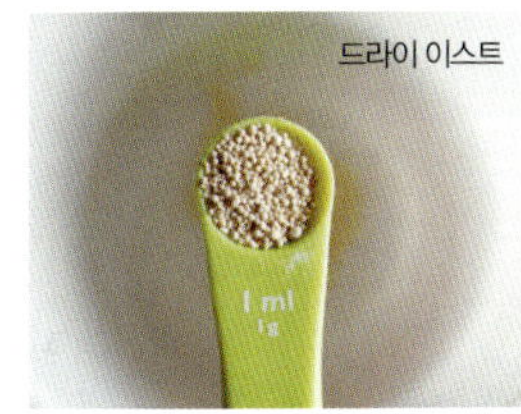

이스트는 발효가 필요한 빵이나 과자에 사용하는데 생이스트와 드라이 이스트가 있어요. 생이스트는 촉촉한 상태고 드라이 이스트는 말 그대로 말린 가루 상태입니다. 생이스트는 드라이 이스트보다 더 많은 양을 사용해야 해요. 드라이 이스트가 7g 정도 필요하다면 생이스트의 경우 25g 정도를 사용해야 하죠.

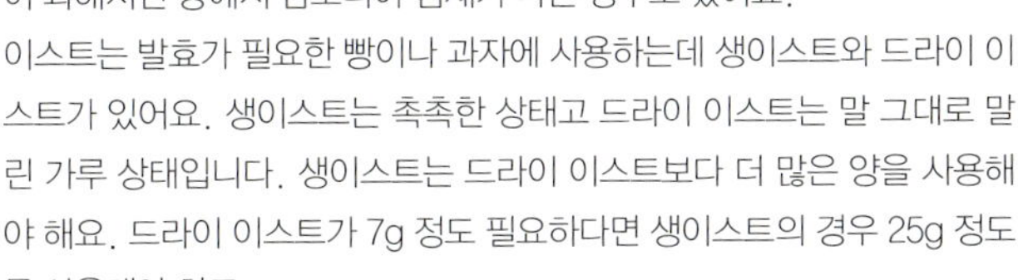

## CHAPTER 2

너무 쉬웠나요?
초보 엄마도
성공하는 쿠키&빵

엄마라면 항상 아이의 먹을거리를 고민하죠? 달콤한 맛과 향으로 아이들을
유혹하는 시판 과자 대신 아이들을 위한 간식거리로 뭐가 좋을지 매일 궁리하
게 되죠. 직접 만들어보는 것은 어떨까요? 엄마가 직접 좋은 재료로 만들어 믿
을 수 있고, 슈라가 수없는 시행착오를 거쳐 정리한 레시피를 따라 하면 실패
확률도 낮답니다. 제 레시피 중 특히 쉽고 간단한, 눈 감고도 성공할 수밖에
없는 것들을 먼저 소개해 볼게요.

생크림 쌀쿠키

감히… 200% 만족이라는 말을 해봅니다.

재료의 구성, 만드는 방법, 무엇보다 맛 보장! 이 세 가지를 다 충족한다면 200% 만족이라고 할 수 있지 않을까요? 쌀가루, 설탕, 생크림 딱 세 가지 재료로 만드는 깔끔한 쿠키예요. 심플한 베이킹이란 바로 이런 것이라는 것을 보여주는 신통방통한 쿠키랍니다.

재료 20~25개

쌀가루 125g, 바닐설탕 50g, 생크림 90g

1 볼에 모든 재료를 넣고, 가루가 보이지 않을 만큼만 가볍게 반죽을 섞어 주세요.

2 랩을 깐 후 반죽을 놓고 모양을 잡아 줍니다. 냉장고에서 휴지시킬 필요 없어요. 그냥 바로바로 진행하시면 돼요.

3 둥글넓적하게 모양을 잡은 반죽 위에 랩을 씌우고 밀대로 밀어준 후 쿠키 틀로 찍어 주세요.

4 오븐 팬에 유산지를 깔고 반죽을 올려 구워 줍니다. 170도로 예열한 오븐에서 13~15분 구워주면 완성. 식혀서 2~3시간 후 먹어야 맛있답니다.

tip 바닐설탕이 없으면 동량의 설탕에 바닐라 오일 1g(2~3방울) 또는 바닐라빈 가루 약간을 넣어 주세요. 제가 사용하는 쌀가루는 건식 쌀가루인데, 베이킹용 박력 쌀가루도 좋습니다.

통밀 쿠키

'이렇게만 넣어도 쿠키가 되는 거야?'

되고말고요. 그것도 아주 맛있게요. 아이들 입맛에 딱 맞는 어린이 쿠키입니다. 분명히
하나 맛보고는 '이렇게 맛있는 걸 우리만 먹을 수 없지!' 하고 나눠 먹고 싶어질 거예요.
만들기가 정말 쉬워서 엄마들 마음을 사로잡을 만한 착한 쿠키입니다.

재료 45개

통밀가루 200g, 꿀 80g, 달걀 1개, 소금 약간, 베이킹파우더 3g, 포도씨유 20g

1 볼에 모든 재료를 넣고 손으로 가루가 보이지 않을 정도로만 반죽하여 뭉쳐 줍니다.

2 뭉친 반죽을 랩에 싸서 냉장고에 1시간 정도 두세요. 1시간 후 꺼내서 작업판에 덧 밀가루를 뿌린 후 반죽을 놓고 밀어 줍니다.

3 반죽을 밀대로 평평하게 밀어 쿠키 틀로 찍어 냈어요.

4 반죽을 쿠키 틀로만 찍으니 심심해 보여 포크로 쿡 찔러 모양을 냈어요.

5 180도로 예열한 오븐에 13~15분 정도 구워 줍니다.

tip 꿀 양은 더 줄이지 마세요! 슈라는 아카시아꿀을 사용했는데 잡꿀도 좋아요.

오트밀 땅콩버터 쿠키

밀가루 없이도 바삭한 쿠키를 즐길 수 있다면 믿을 수 있겠어요?

밀가루도, 쌀가루도 없다니 재료의 조합이 살짝 의심스럽지만, 의심을 버리고! 제가 알려드린 대로 만들면 100% 성공할 수 있는 쉬운 레시피예요. 고소하고 바삭해서 자꾸만 손이 가는 쿠키를 소개합니다.

재료 30개

땅콩버터 130g, 흑설탕 30g, 설탕 150g, 달걀 1개, 납작오트밀 150g, 베이킹소다 1g

1 볼에 모든 재료를 넣고 숟가락으로 잘 섞어줍니다.
2 비닐장갑을 끼고 손으로 다시 반죽을 한 후 오븐 팬에 유산지를 깔고 둥글게 뭉쳐 올려놓습니다.

3 숟가락으로 반죽을 꾹 눌러 모양을 완성합니다(또 다른 방법으로는 오븐 팬이 꽉 차게 반죽을 다 넣고 꾹꾹 눌러 구운 후 바 모양으로 잘라도 좋아요).
4 180도로 예열한 오븐에 13분 정도 구웠어요.

tip 납작오트밀은 귀리를 압착 가공한 것으로 베이킹 재료 숍에서 쉽게 구할 수 있어요. 취향에 따라 견과류를 30g 정도 넣어도 좋아요. 땅콩버터는 실온에서 3시간 이상 보관한 것을 사용합니다.

생크림 초콜릿 쌀쿠키

겉 부분은 바삭~!

한 입 깨물면 생크림과 카카오 향이 기분 좋게 입안을 채우는 달달한 초콜릿 쿠키! 아이들이 좋아하는 초콜릿 쿠키를 착한 재료로 좀 더 가벼운 식감으로 만들어 볼게요. 주의할 점! 쿠키는 구워서 바로 먹으면 실망해요. 보통 쌀 쿠키는 2~3시간 지나야 제 맛을 느낄 수 있죠.

재료 20~25개

생크림 130g, 쌀가루 125g, 바닐설탕 70g, 카카오 가루 10g

1 볼에 생크림과 설탕을 넣고 잘 섞어 줍니다. 저는 거품기로 30초 정도 휘리릭 섞었어요. 쌀가루와 카카오 가루도 넣어 가루가 보이지 않을 만큼 섞어 줍니다.

2 유산지를 넉넉하게 준비하여 반죽을 그 위에 놓고 유산지로 덮어 밀대로 살짝 밀어 줍니다. 유산지 없이 손으로 작업하기에는 반죽이 살짝 질어요. 칼로 가로, 세로 줄을 긋듯이 반죽을 잘라 정사각형(저는 포크 폭의 넓이만큼 잘랐어요) 모양으로 만들어 줍니다.

3 포크로 반죽을 눌러 모양을 내고 포크의 옆 부분으로 살짝 들어 올려 유산지를 깐 오븐 팬에 올려 놓습니다.

4 170도로 예열한 오븐에서 15분 정도 구웠어요. 각자 오븐의 성격이 다르니 참고하시길.

tip 바닐설탕이 없으면 동량의 설탕에 바닐라 오일 1g(2~3방울) 또는 바닐라빈 가루 약간을 넣어 주세요. 카카오 가루는 달달한 코코아 가루 말고, 제빵용의 달지 않은 다크 카카오 가루입니다!

호두 머핀

아가베시럽의 색다른 단맛과 호두의 풍미가 합쳐진 머핀이에요.

아가베시럽은 멕시코에서 재배되는 선인장의 일종인 용설란에서 추출한 단맛 시럽으로 설탕 대신 많이 사용하지요. 호두는 특유의 고급스러운 고소한 맛이 좋아 제가 즐겨 사용하는 식재료 중 하나랍니다. 호두를 싫어하는 아이들도, 맛있는 머핀에 넣어서 주면 친해지지 않을까 생각해 봅니다.

재료 8~9개

중력분 200g, 달걀 1개, 바닐설탕 90g, 아가베시럽 40g, 포도씨유 40g, 호두 40g, 플레인 요거트 100g, 베이킹파우더 6g

1 호두를 잘게 잘라 준비합니다.
2 설탕과 달걀, 아가베시럽, 포도씨유, 플레인 요거트를 잘 섞어 줍니다.
3 2의 볼에 체에 쳐놓은 중력분과 베이킹파우더를 넣어 잘 섞어 줍니다. 잘라놓은 호두도 반죽에 넣고 섞어 줍니다.

4 머핀 틀에 넣고 180도로 예열한 오븐에서 20분 정도 구워 줍니다.

tip 바닐설탕이 없으면 동량의 설탕에 바닐라 오일 1g(2~3방울) 또는 바닐라빈 가루 약간을 넣어 주세요.

메이플 리코타 머핀

진한 메이플 향, 그 자체였죠! 맛이 심플하고 실패율이 낮은 깔끔한 머핀입니다. 그래서 슈라는 '심플 방통 머핀'이라고 이름을 붙였어요. 좀 웃기죠? 그러나 먹어보면 왜 이런 표현을 했는지 아시게 될 겁니다.

재료 8~9개

박력분 200g, 리코타 치즈 200g, 메이플시럽 90g, 달걀 1개, 포도씨유 50g, 흑설탕 60g, 베이킹파우더 6g, 소금 약간(1g)

1 볼에 달걀, 포도씨유, 리코타 치즈, 흑설탕, 소금을 넣고 거품기로 힘차게 1분 이상 섞어 주세요.

2 잘 섞은 1의 볼에 메이플시럽을 넣고 다시 한 번 섞어 줍니다.

3 체에 쳐 놓은 박력분과 베이킹파우더를 2의 볼에 넣고 가루가 보이지 않을 정도로 섞어 줍니다.

4 머핀 틀에 반죽을 넣고 180도로 예열한 오븐에서 20~25분 정도 구워 줍니다.

코코넛 머핀

코코넛 좋아하세요?

우리 집 식구들은 딱 한 명만 빼고는 모두 코코넛을 좋아하죠. 총 여섯 식구 중 다섯 명의 비율이니까 보통은 좋아한다고 봐도 되겠죠? 코코넛 특유의 향에 화이트 초콜릿을 가미하여 단맛의 깊이에 작은 변화를 준, 식감이 즐거운 머핀이에요.

재료 6개

중력분 125g, 코코넛 가루 40g, 우유 100g, 바닐설탕 60g, 달걀 1개, 화이트 초콜릿 40g,

포도씨유 40g, 베이킹파우더 7g, 소금 1g

1 밀가루와 코코넛 가루, 베이킹파우더는 볼에 넣고 거품기나 포크로 잘 섞어 줍니다. 초콜릿은 잘게 잘라 주세요.

2 다른 볼에 우유와 설탕, 포도씨유, 달걀을 잘 섞어 주세요. 저는 거품기로 1분쯤 섞었어요.

3 1과 2를 합체! 그리고 잘게 자른 초콜릿을 넣어 줍니다.

4 잘 섞은 반죽을 머핀 틀에 넣고 180도로 예열한 오븐에서 20분 정도 구웠어요.

tip 바닐설탕이 없으면 동량의 설탕에 바닐라 오일 1g(2~3방울) 또는 바닐라빈 가루 약간을 넣어 주세요.

꿀 케이크

설탕 없이 꿀만으로 단맛을 낸 꿀 케이크예요.

설탕이 없던 옛날엔 케이크가 '꿀' 맛이었다는데, 정말 꿀 향기 가득한 케이크를 즐길 수 있어요. 똑같은 반죽으로 머핀을 구워도 좋아요. 촌스럽고, 둔탁하고, 어설픈 맛이지만, 먹으면 먹을수록 깊이가 느껴지는 참으로 청순한 케이크입니다.

재료 지름 9cm 미니케이크 6개 또는 머핀 9개
박력분 170g, 꿀 150g, 달걀 2개, 소금 약간, 포도씨유 70㎖, 우유 80g, 베이킹파우더 7g, 바닐라빈 가루 약간

1 볼에 꿀, 달걀, 우유, 포도씨유를 넣고 섞어 줍니다.

2 1의 볼에 베이킹파우더와 밀가루, 소금을 넣어 잘 섞어 주세요. 바닐라빈 가루도 넣어 주세요.

3 케이크가 깨끗하게 분리되도록 케이크 틀에 식용유를 바르고 밀가루를 뿌려 둡니다. 머핀 틀을 이용할 경우 머핀용 유산지를 사용하시면 됩니다.

4 틀의 70% 정도만 반죽을 채워놓고 180도로 예열한 오븐에서 25~30분 정도 구워 주시면 됩니다.(젓가락 테스트! 케이크가 익었는지 알아보고 싶을 때 나무젓가락으로 케이크 중앙을 깊숙이 찔렀다 빼서 반죽이 묻어 나오지 않으면 다 익은 거예요!)

tip 꿀은 질 좋은 잡꿀을 사용하면 좋지만, 없으면 구하기 쉬운 아무 꿀이나 이용하시면 됩니다.

통밀 생크림 케이크

통밀과 생크림! 각각의 이름에서 느껴지는 둔탁함과 부드러움.

전혀 다른 성격의 두 가지 재료가 의외의 조화를 이뤄 아주 고급스러운 맛의 케이크가 완성됩니다. 아이들도 좋아하지만 어른들도 차 한 잔 곁들이기 좋은 맛있는 케이크죠.

재료 지름 20cm 1개

통밀가루 100g, 중력분 80g, 바닐설탕 150g, 생크림 180g, 달걀 2개, 베이킹파우더 6g, 소금 약간

1 넉넉한 크기의 볼에 통밀가루, 중력분, 베이킹파우더를 넣고 거품기나 포크로 잘 섞어 줍니다.
2 또 다른 볼에 달걀, 생크림, 설탕, 소금을 넣고 잘 섞어 줍니다.
3 2의 볼에 1의 가루를 합체! 가루가 보이지

않을 정도로만 반죽을 섞고 케이크 틀에 반죽을 넣어 줍니다.
4 180도로 예열한 오븐에서 50분 정도 구워 줍니다.

tip 바닐설탕이 없으면 동량의 설탕에 바닐라 오일 1g(2~3방울) 또는 바닐라빈 가루 약간을 넣어 주세요.

7곡 요거트 케이크

유럽의 웬만한 아줌마들은 다 아는 7곽 케이크입니다.

7곽? 7곽이 뭐냐고요? 요거트 곽을 이용해 기본 재료를 7번 계량해 넣었다는 말이에요. 골치 아프게 저울 눈금 체크하지 않고도 맛있게 완성할 수 있으니 정말 편하죠. 잘 이해가 안 된다고요? 슈라가 만든 걸 보면 금방 알아요!

재료 지름 16cm 1개

플레인 요거트 1곽, 포도씨유 1곽, 바닐설탕 2곽, 밀가루(중력분) 3곽, 달걀 1개, 베이킹파우더 3g, 소금 약간

1 플레인 요거트는 달지 않은 것으로 준비해 주세요. 요거트와 달걀, 포도씨유, 설탕을 볼에 넣어 잘 섞어 줍니다.

2 밀가루와 베이킹파우더는 체에 한 번 쳐 주는 것이 원칙이나 저는 볼에 넣고 거품기로 대충 섞어 줬어요.

3 1과 2를 합쳐 섞은 후 케이크 틀에 80% 정도 반죽을 부어 줍니다. 180도로 예열한 오븐에 40분 정도 구웠어요.

tip 바닐설탕이 없으면 동량의 설탕에 바닐라 오일 1g(2~3방울) 또는 바닐라빈 가루 약간을 넣어 주세요. 85g짜리 요거트 곽을 기준으로 한 계량입니다. 계량을 할 때 보통 요거트가 채워져 있는 선을 기준으로 넣어 주세요. 밀가루 3곽을 슈라는 중력분 1곽, 통밀가루 1곽, 오트밀 가루 1곽으로 했어요. 취향에 따라 저처럼 변형 가능합니다.

단팥 연유 브레드

부드러운 촉감의 케이크라기보다는 단팥빵 같다는 생각이 드는 푸근한 빵이에요.
어쩌면 단팥빵보다 더 진한 단팥 맛을 즐길 수 있을지도 모르겠네요. 우유와 함께 내
놓으면 아이들이 게눈 감추듯 순식간에 먹곤 하죠.

재료 12×25cm 1개

중력분 250g, 달걀 2개, 연유 270g, 단팥 250g, 포도씨유 50g, 베이킹파우더 11g

1 볼에 달걀, 연유, 포도씨유를 넣고 잘 섞어 주세요.

2 또 다른 볼에 밀가루와 베이킹파우더를 넣고 섞어 줍니다. 저는 거품기로 휘리릭~10번 정도 휘저어 주었어요. 이렇게 섞은 것을 1의 볼에 넣고 또 섞어 주세요.

3 가루가 보이지 않을 정도로 섞은 반죽에 단팥을 넣고 섞어 줍니다.

4 파운드케이크 틀에 버터나 오일을 바르고 밀가루를 조금 뿌린 후 반죽을 넣고 180도로 예열한 오븐에서 45~50분 정도 구웠어요.

tip 팥은 시판 빙수용 팥으로 사용 가능하고요, 직접 삶아 쓰고 싶다면 팥 250g, 설탕 150g의 비율로 삶아 만들면 돼요. 팥을 처음 삶은 물은 따라 버린 후, 계속 물을 더해가며 팥이 충분히 익을 때까지 삶다가 분량의 설탕과 소금 약간을 넣고 10분 정도 끓여 식히면 돼요.

퀴노아 쌀쿠키

퀴노아는 단백질과 비타민, 미네랄이 풍부하고 아토피에도 좋다는 곡물이죠.
이렇게 몸에 좋지만 우리 집 막내는 밥에 퀴노아를 넣으면 씹히는 식감을 싫어해서 잘 안 먹어요. 대신 다른 요리로 만들어 먹이는 편이죠. 이렇게 과자에 숨겨 넣으면 퀴노아인 줄도 모르고 즐겁게 먹는다는 말씀! 이것이 바로 엄마들의 꼼수인가요? 쌀가루와 퀴노아 특유의 식감이 씹는 재미를 주는 건강한 간식을 소개합니다.

재료 20~25개
쌀가루 125g, 바닐설탕 50g, 생크림 90g, 퀴노아 20g

1 퀴노아를 살짝 볶아 주세요. 깨 볶듯이 마른 팬에 중불에서 볶다가 하나 둘, 튀기 시작하면 약한 불에서 2~3분 더 볶아 준 후 불을 끄고 식혀 줍니다. 저는 알록달록 여러 색이 섞인 퀴노아를 사용했는데 일반 퀴노아도 좋습니다.

2 볶아서 식힌 퀴노아와 모든 재료를 볼에 넣고 가루가 보이지 않을 만큼만 재료를 섞어 줍니다.

3 랩을 깔아놓은 작업판 위에 반죽을 놓고 모양을 잡아 줍니다. 냉장고에서 휴지시킬 필요 없어요. 그냥 바로바로 진행하시면 돼요. 둥글넓적하게 모양이 잡힌 반죽 위에 랩을 씌워 밀대로 얇게 밀고 쿠키 틀로 찍어 줍니다.

4 오븐 팬에 유산지를 깔고 쿠키 반죽을 하나씩 올려놓고 170도로 예열한 오븐에서 13~15분 정도 구워 주면 완성!

tip 바닐설탕이 없으면 동량의 설탕에 바닐라 오일 1g(2~3방울) 또는 바닐라빈 가루 약간을 넣어 주세요.

리코타 초콜릿칩 머핀

요즘은 한국에서도 쉽게 만날 수 있는 이탈리아의 리코타 치즈!

이탈리아에서는 크림으로 만들어 베이킹에 쓰기도 하고, 이 머핀처럼 반죽에 직접 넣어 사용하기도 하죠. 치즈의 가벼운 맛이 더해져 아이들이 좋아하는 초콜릿칩 머핀으로 변신! 한번 구워 맛을 보면 이것만 찾는 아이들이 생겨날 정도로 아이들 입맛에 딱 맞춘 머핀입니다.

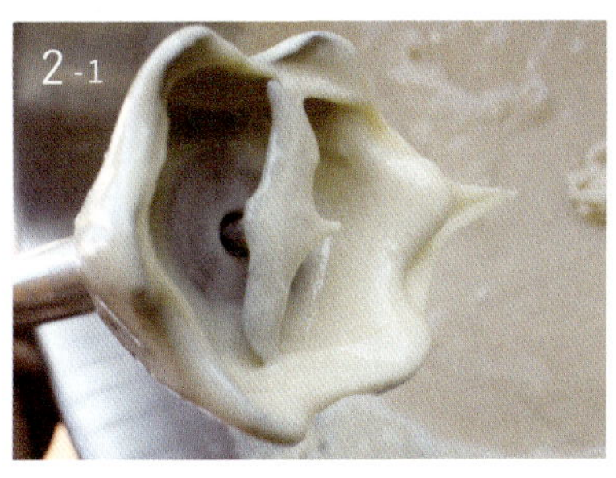

재료 20개

리코타 치즈 200g, 중력분 300g, 달걀 4개, 포도씨유 50g, 아몬드 가루 70g, 바닐설탕 250g, 베이킹파우더 8g, 초콜릿칩 2~3큰술, 소금 약간

1 리코타 치즈, 달걀, 포도씨유, 아몬드 가루, 설탕을 볼에 넣고 핸드블렌더로 섞어 줍니다. 핸드블렌더 대신 거품기로 섞어도 괜찮아요.

2 체에 쳐 놓은 밀가루, 베이킹파우더, 소금을 1에 넣고 후루룩~ 핸드블렌더나 거품기로 섞어 주세요.

3 반죽에 초콜릿칩을 넣은 후 머핀 틀에 80% 정도 부어 주세요.

4 180도로 예열한 오븐에 25~30분 구워 주면 끝!

tip 바닐설탕이 없으면 동량의 설탕에 바닐라 오일 1g(2~3방울) 또는 바닐라빈 가루 약간을 넣어 주세요.

단호박 크림치즈 머핀

재료가 전하는 분위기만으로도 기분 좋아지는 머핀입니다.

가을 향기가 넘치는 착한 재료로 만들었거든요. 메밀가루를 케이크 재료로 넣는 것이
익숙하지 않겠지만, 이탈리아에서는 빵이나 과자의 재료로 메밀을 많이 사용하고 있답
니다. 물론 한국의 메밀보다는 입자가 다소 거친 다른 종자의 메밀이긴 합니다. 그래서
한국 분들이 접하기 쉽도록 저는 한국산 메밀을 이용해 만들어 볼게요.

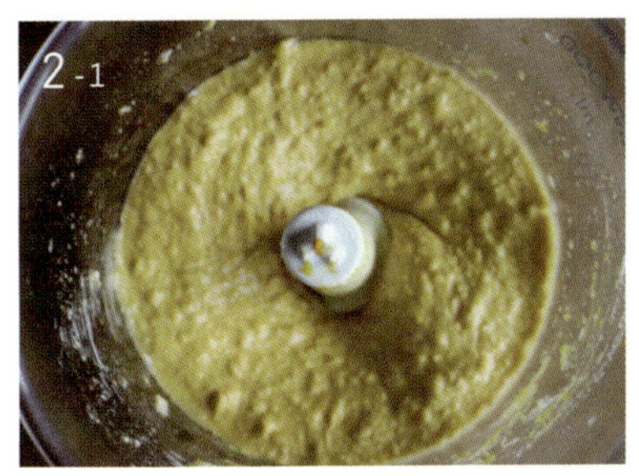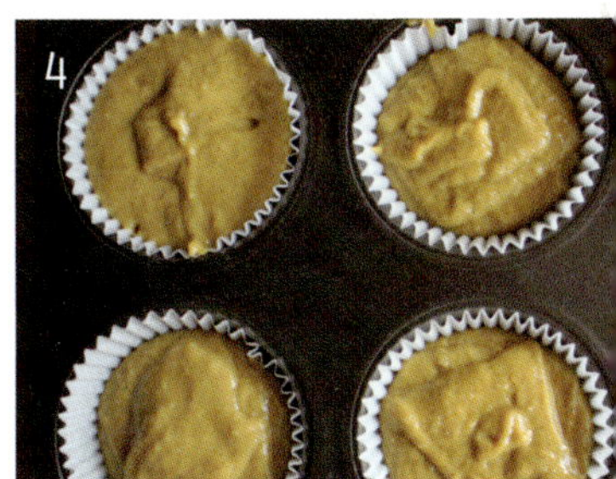

재료 9~10개

찐 단호박 150g, 메밀가루 50g, 오트밀 가루 100g, 베이킹파우더 7g, 크림치즈 100g,

아몬드 50g, 포도씨유 30g, 달걀 1개, 바닐설탕 120g, 소금 2g

1 먼저 단호박을 찜통에 쪄 주세요. 찐 단호박
은 껍질을 벗겨 150g을 계량해 준비하세요.
2 찐 단호박과 크림치즈, 아몬드, 달걀, 포
도씨유, 설탕, 소금을 믹서에 넣고 후루룩 갈
아 줍니다.

3 메밀가루, 오트밀 가루, 베이킹파우더를 갈
아 놓은 2의 반죽과 섞어 주세요. 가루가 보이
지 않고 뭉치지 않을 만큼 잘 섞어 줍니다.
4 머핀 틀에 넣고 180도로 예열한 오븐에서
25분 정도 구워 줍니다.

tip 바닐설탕이 없으면 동량의
설탕에 바닐라 오일 1g(2~3방
울) 또는 바닐라빈 가루 약간을
넣어 주세요.

견과류 꿀 케이크

설탕 대신 꿀을 넣고 견과류로 고소함을 더한 케이크를 소개합니다.

이건 슈라가 생각해낸 레시피가 아니고요, 아주 옛날부터 내려오는 레시피입니다. 버터와 설탕을 넣어 만든 익숙한 케이크와는 맛이 조금 달라요. 첫 맛은 부드럽지만 끝맛은 살짝 둔탁한, 그러면서 단맛의 여운이 꿀 향기로 남는 그런 맛이에요. 견과류의 고소함과 영양은 보너스예요.

재료 지름 18cm 3개 또는 머핀 6개

중력분 120g, 견과류(호두, 아몬드, 헤이즐넛, 피칸 등) 120g, 꿀 120g, 달걀 2개, 뜨거운 물 20g, 포도씨유 30g, 베이킹파우더 7g, 소금 1g

1 먼저 물을 끓입니다. 전자레인지에 데워도 좋아요. 물의 양은 20g 정도로, 계량이 힘들면 밥숟가락 기준 2~3큰술 넣어 끓여 줍니다. 믹서에 꿀과 견과류, 포도씨유, 뜨거운 물을 넣고 휘리릭~ 30초 정도 돌려 줍니다.

2 1에 달걀과 소금을 투하! 다시 한 번 돌려 주세요.

3 중력분과 베이킹파우더는 볼에 넣고 거품기로 1분 정도 뒤적여 섞어 줍니다.

4 모든 재료를 합체! 가루가 보이지 않을 정도로 섞어 줍니다.

5 케이크 틀에 반죽을 80% 정도 채우고 180도로 예열한 오븐에서 20분 정도 구웠어요.

tip 꿀은 아카시아꿀 또는 잡꿀 다 좋아요.

블루베리 머핀

블루베리 머핀을 보면, 살아 있는 즐거움이 느껴져요.

블루베리의 진한 보라색과 상큼한 맛에 눈과 입이 동시에 즐거워지는 머핀이랍니다.
그 모양에선 왠지 클래식한 분위기가 느껴지지만, 맛은 의외로 묵직하지 않은 편이에
요. 블루베리의 새콤함과 달콤함이 부드럽게 느껴지는 가벼운 맛의 머핀입니다.

재료 6~7개

통밀가루 100g, 쌀가루(또는 중력분이나 통밀가루) 40g, 레몬 1/2개, 블루베리 80g, 바닐설탕 80g,
달걀 1개, 포도씨유 40g, 우유 75g, 베이킹파우더 5g, 소금 1g

1 볼에 우유, 포도씨유, 달걀을 넣고 잘 섞어
줍니다.
2 통밀가루와 쌀가루, 베이킹파우더를 1에
넣어 잘 섞고, 레몬을 씻어 껍질을 곱게 갈아
반죽에 넣고 레몬즙 1/2개분(25g 정도)도 반
죽에 넣어 다시 잘 섞어 줍니다.
3 잘 씻어 물기를 제거한 블루베리를 20g 정
도만 남기고 반죽에 넣어 주세요.

4 머핀 틀의 2/3 정도 반죽을 담고 남겨 두었
던 블루베리를 반죽 위에 3~4알 정도 올려
줍니다. 구운 후 블루베리가 멋지게 보이도
록 말이죠!
5 180도로 예열한 오븐에서 20분 정도 구워
줍니다.

tip 바닐설탕이 없으면 동량의
설탕에 바닐라 오일 1g(2~3방
울) 또는 바닐라빈 가루 약간을
넣어 주세요.

바나나 피칸 케이크

아이들도 좋아하지만 어른들이 더 좋아하며 반기는 케이크예요.
육아에 지쳐서 힐링이 필요한 엄마들에게 추천하고 싶은 시나몬 향 가득한 케이크랍니
다. 커피 한 잔 뜨겁게 내려서 곁들이면 행복하고 든든한 티타임이 될 거예요. 아이들을
다시 사랑스럽게 안아줄 에너지도 생기고요.

  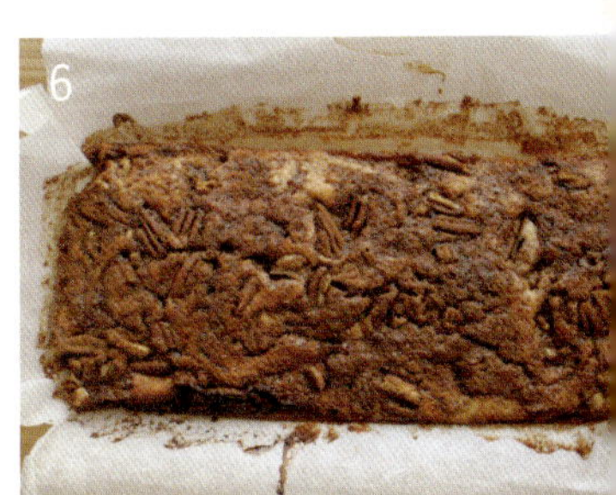

재료 25×12cm 1개

기본 케이크 바나나 1개, 달걀 1개, 중력분 120g, 포도씨유 30g, 우유 50g, 베이킹파우더 5g
피칸 토핑 흑설탕 30g, 피칸(또는 호두) 60g, 시나몬 가루 1~2g

1 볼에 바나나와 달걀, 포도씨유, 우유를 넣고 핸드블렌더로 후루룩~10초쯤 돌렸어요.

2 다른 볼에 베이킹파우더와 중력분을 대충 섞고 1의 볼에 넣어 가루가 보이지 않을 정도로 섞어 줍니다.

3 케이크 틀에 유산지를 잘 맞춰서 깔고 2의 반죽을 부어요.

4 피칸과 시나몬 가루, 흑설탕을 잘 섞어 주세요.

5 케이크 틀의 반죽 위로 4의 피칸 토핑을 골고루 올려 주세요. 젓가락으로 반죽과 대충 휘저어 가며 섞어 줍니다.

6 180도로 예열한 오븐에서 25~30분 정도 구웠어요.

tip 피칸은 미국산 호두 열매로 호두보다 좀 더 길쭉하게 생겼어요. 맛은 호두와 비슷하지만 호두보다 달고 향이 좋지요.

## CHAPTER 3

아이들이 먼저 찾는다!
인기 상한가 쿠키&빵

아무리 좋은 재료로 만들고 설탕과 버터를 줄여 건강하게 구운 빵, 과자라 해도, 아이들이 찾지 않으면 아무 소용없죠. 맛이 없는 걸 누가 먹고 싶어 하겠어요. 슈라도 아이들이 있어 적극 공감하고 말고요. 슈라의 빵, 과자 중에서도 특히 아이들이 먼저 찾게 되는 인기 상한가 레시피를 소개할게요. 기본적으로 늘 맛에 신경을 쓰는 편이지만(맛없는 걸 만드는 것은 재료 낭비일 뿐이죠) 그 중에서도 늘 아이들이 먼저 구워달라고 요청하곤 했던 인기 만점의 레시피들을 알려드립니다.

유럽식 계란과자

동그란 모양에 부드럽고 달콤한 맛이 나는 계란과자.

한국에서 한 시대를 풍미한 인기 과자였죠. 그런데 이탈리아에도 계란과자가 있어요. 1945년에 어느 회사에서 만들어져 입맛 까다로운 이탈리아 사람들에게 현재까지 사랑 받고 있는 국민과자죠. 계란과자가 어디서나 사랑받는 이유는 기본을 벗어나지 않은 심 플함 때문이 아닌가 생각해 봅니다.

재료 50개

달걀 2개, 바닐설탕 40g, 중력분 60g, 레몬 껍질 1/2개분

1 볼 2개를 준비하여 달걀을 흰자와 노른자로 분리하여 넣어 줍니다.

2 두 볼에 각각 설탕 20g씩을 넣고 거품을 내 줍니다. 흰자의 거품은 단단하게 내 주세요. 노른자도 마요네즈 같은 질감의 크림 상태가 되도록 거품기로 충분히 저어 주세요.

3 걸쭉해진 달걀노른자에 레몬 껍질을 잘게 갈아 넣어 줍니다. 레몬 표면의 노란 겉 껍질만 강판에 얇게 갈아 넣는 것인데 향을 내는 역할을 해요. '레몬제스트' 라고도 하죠.

4 3의 볼에 밀가루를 체에 쳐 3~4번 정도 나눠 넣을 거예요. 그리고 흰자 거품도 나눠 넣어 줍니다. 밀가루 적당량을 체에 쳐 넣은 후 흰자 거품 한 수저 넣고 하는 식으로 조금씩 번갈아 가며 넣어 잘 섞어 주세요.

5 잘 섞인 반죽을 짤주머니에 넣어 줍니다. 이때 깊이가 깊은 통이나 머그컵에 짤주머니 끝을 살짝 접어 밑으로 가도록 하고 반죽을 넣어 주어야 반죽이 잘 담기고, 미리 흐르는 것을 막을 수 있어요.

6 오븐 팬에 간격을 두고 반죽을 짜 줍니다. 190도로 예열한 오븐에서 7~8분 정도 구웠어요.

tip 바닐설탕이 없으면 동량의 설탕에 바닐라 오일 1g(2~3방울) 또는 바닐라빈 가루 약간을 넣어 주세요.

생크림 마들렌

버터 풍미 가득한 촉촉한 마들렌은 남녀노소 가리지 않고 좋아하는 과자죠.
오늘은 아이들에게 버터 대신 생크림을 넣어 신선하고 부드러운 맛이 일품인 마들렌을
만들어 주고 싶어요. 엄마가 만들어준 부드러운 생크림 마들렌이 아이들에게 추억으로
남겨지길 바라는 마음으로 만들어 봅니다.

재료 24개
중력분 100g, 바닐설탕 100g, 생크림 90g, 달걀 2개, 베이킹파우더 3g, 소금 1g
철판 이형제 포도씨유 3작은술, 전분 1작은술

1 볼에 생크림과 설탕, 소금을 먼저 섞어 줍니다. 여기에 달걀을 한 개씩 넣어가며 섞어 줍니다.

2 중력분과 베이킹파우더를 체에 쳐 1의 반죽에 넣은 후 잘 섞어 줍니다.

3 반죽을 짤주머니에 담아요. 깊이가 있는 그릇이나 컵에 짤주머니를 넣고 끝 부분은 반죽이 들어가지 않도록 살짝 접은 후 반죽을 채워야 흘리지 않고 잘 담을 수 있어요. 짤주머니를 생략하고 반죽을 수저로 떠서 마들렌 틀에 바로 놓아도 좋습니다.

4 마들렌 틀에 철판 이형제를 바르고 반죽을 부어 줍니다. 180도로 예열한 오븐에서 17~20분 정도 구워요. 바로 먹어도 맛있지만 실온에 밀봉해 놓았다가 다음 날 먹으면 더 촉촉하고 맛있어요.

tip 바닐설탕이 없으면 동량의 설탕에 바닐라 오일 1g(2~3방울) 또는 바닐라빈 가루 약간을 넣어 주세요. 마들렌 틀에 포도씨유와 전분을 섞어 만든 철판 이형제를 발라 팬에서 마들렌이 쉽게 분리되고 모양이 잘 나오도록 합니다.

잣 마들렌

이탈리아에서도 잣 가격이 비싼 편이에요.

하지만 만들고 나면 저처럼 마들렌에 잣을 넣길 잘했다! 하실 겁니다. 잣과 오일을 함께 갈아 식물성 버터를 만들어 버터 대신 썼어요. 잣 그대로의 고소함과 영양이 들어있어 한결 고소하고 고급스러운 마들렌! 아이, 어른 모두에게 권하고 싶은 간식입니다.

재료 24개

잣 70g, 포도씨유 30g, 바닐설탕 80g, 달걀 2개, 박력분 90g, 베이킹파우더 2g, 소금 약간

철판 이형제 포도씨유 3작은술, 전분 1작은술

1 잣 버터를 만들어 줍니다. 믹서에 잣과 포도씨유를 넣고 소금을 1g 정도 넣어 1분 정도 갈아 줍니다. 일반 버터가 실온에서 크림 상태일 때의 질감과 비슷하게 됩니다.

2 1에 달걀과 설탕을 넣고 다시 한 번 갈아 줍니다.

3 2에 박력분과 베이킹파우더도 넣고 30초 정도 갈아 줍니다. 믹서의 칼날을 빼내고 반죽을 다시 한 번 잘 섞어 주세요.

4 깊이가 있는 통에 짤주머니 끝을 접어 밑으로 가도록 놓고 반죽을 채워 줍니다. 이 과정이 복잡하다 싶으면 반죽을 수저로 떠서 마들렌 틀에 바로 놓아도 좋습니다.

5 철판 이형제를 바른 마들렌 틀에 짤주머니로 반죽을 짜서 담아 줍니다. 180도로 예열한 오븐에서 17~20분 정도 구워 줍니다. 구워서 식힌 후 밀봉하여 실온에 두고 다음 날 먹으면 더 맛이 납니다.

tip 바닐설탕이 없으면 동량의 설탕에 바닐라 오일 1g(2~3방울) 또는 바닐라빈 가루 약간을 넣어 주세요.

카스텔라

우유 한 잔 곁들여 먹는 것으로 결코 끝낼 수 없는 카스텔라의 위력!

밋밋하게 생긴 카스텔라지만 그 부드러움에 많은 아이들의 마음이 녹고 말죠. 베이킹에 관심 있는 분이라면 꼭 도전해보고 싶어하는 것도 바로 카스텔라! 실패율도 높지만, 한두 번의 실패가 밑거름이 되어 맛있는 카스텔라를 완성할 수 있게 되죠. 슈라가 카스텔라만 100번 이상 만들었다면 믿으시겠어요? 슈라의 비법으로 차근차근 알려드릴게요.

재료 *15×25×7cm 1개*

달걀 8개, 강력분 280g, 바닐설탕 260g, 꿀 20g, 우유 40g, 포도씨유 30g, 소금 2g, 럼주 10g(없으면 생략)

1 강력분은 체에 쳐 놓습니다. 꼭 강력분이어야 해요!

2 3시간 이상 상온 보관한 달걀을 크기가 넉넉한 볼에 각각 흰자와 노른자로 나눠 넣어 주세요.

3 흰자에 설탕 130g, 노른자에도 130g을 넣고 따로 거품을 냅니다. 먼저 흰자 거품을 내 주세요. 핸드블렌더나 전동거품기를 사용해야 쉽게 단단한 거품을 낼 수 있어요. 손거품기로 하려면 10분 정도 돌리셔야 합니다.

4 노른자에도 설탕을 넣고 전동거품기로 돌려주다가 마요네즈처럼 연한 색으로 변하고 걸쭉하게 크림 상태가 되면 포도씨유를 조금씩 넣어 주세요. 그리고 꿀과 우유, 럼주를 넣어 섞어 줍니다. 럼주를 넣는다면 바닐라는 생략 가능해요(카스텔라의 깊은 맛을 느끼고 싶다면 꼭 럼주를 넣어보세요. 알코올은 날아가고 향만 남아요).

tip 바닐설탕이 없으면 동량의 설탕에 바닐라 오일 1g(2~3방울) 또는 바닐라빈 가루 약간을 넣어 주세요.

5 체에 쳐 놓은 밀가루를 한 번 더 체에 내린 후 우선 1/3 정도만 4의 볼에 섞어 줍니다.

6 흰자 거품도 1/3 정도를 5의 볼에 넣고 잘 섞어 줍니다. 실리콘 주걱으로 볼 바닥까지 밀어가며 살살 반죽합니다.

7 남은 밀가루와 흰자 거품을 1/3씩 계속 추가로 넣어가며 모두 잘 섞어 주세요. 꼼꼼하게 잘 섞어야 굽고 난 후 가루가 뭉치거나 반죽이 가라앉지 않아요.

8 카스텔라 틀에 유산지를 깔고 반죽을 부어요. 유산지를 틀에 잘 맞게 잘라야 카스텔라가 예쁘게 나와요. 나무젓가락으로 바닥까지 저어 공기를 빼 줍니다. 180도로 예열한 오븐에 반죽을 넣어요. 180도에서 5분, 160도로 내려 30분, 150도로 내려 25분 정도 구워

줍니다. 중간에 절대! 오븐을 열어보면 안 됩니다. 카스텔라가 가라앉는 원인 중 하나입니다. 오븐마다 성격이 다르니 하단에 반죽을 넣고 익히는 것이 좋아요.

9 다 구운 카스텔라는 젓가락 테스트로 익었는지 확인합니다. 젓가락을 깊이 찔러 넣어 반죽이 묻어나지 않으면 다 익은 거예요. 카스텔라를 틀에서 분리해 식힘망에 뒤집어 놓고 식힙니다. 바로 먹어도 좋지만, 랩으로 밀봉해 하루 지나 먹으면 더 맛있어요.

tip 흰자 거품부터 내는 이유는 노른자 거품을 내고 흰자 거품을 내려면 거품기를 다시 세척하고 물기 없이 닦아야 하는데(물기나 다른 물질이 섞이면 흰자 거품이 잘 안 나요) 흰자 거품 먼저 내고 노른자 거품을 낼 때는 세척 없이 그냥 사용해도 괜찮기 때문이에요. 한 번 단단하게 낸 흰자 거품은 오래가기 때문에 다른 작업하는 동안 꺼질 염려도 없고요. 단! 실내 온도가 30도가 넘는 곳에서 작업을 한다면 장담은 못하지만요.

# 코코넛 쿠키

우리 집 인기 과자 중 하나예요. 코코넛 반죽을 오븐에 넣고 꺼낼 때까지 집 안 가득 퍼지는 코코넛 향기에 아이들의 기대까지 부풀게 되죠. 기대한 만큼 그 맛에 만족할 맛있는 쿠키입니다.

재료 60개

코코넛 가루 125g, 달걀 1개, 바닐설탕 85g, 밀가루 25g, 버터 40g

1 상온에서 보관한 말랑한 버터, 또는 녹여서 액체 상태가 된 버터와 달걀, 설탕을 한꺼번에 섞어 줍니다. 버터 대신 일반 콩기름이나 포도씨유를 넣어도 괜찮은데, 버터를 넣으면 향이 더 깊어져요.

2 1에 코코넛 가루와 밀가루를 넣고 가루가 뭉치지 않도록만 섞어 줍니다.

3 오븐 팬에 유산지를 깔고 반죽을 수저로 작게 떼어내 나열합니다. 반죽의 간격이 좁아도 서로 붙지 않아서 괜찮아요. 180도로 예열한 오븐에서 15~20분 정도 익히면 됩니다.

tip 바닐설탕이 없으면 동량의 설탕에 바닐라 오일 1g(2~3방울) 또는 바닐라빈 가루 약간을 넣어 주세요.

리코타 치즈 도넛

리코타 치즈를 듬뿍 넣어 만든 맛있는 도넛입니다.

그럼에도 리코타 치즈 특유의 고소한 향은 별로 안 나요. 하지만 실망스러워할 필요는 없어요. 치즈 향은 없지만 대신 포근포근한 식감이 남다른 아주 맛있는 도넛이기 때문입니다.

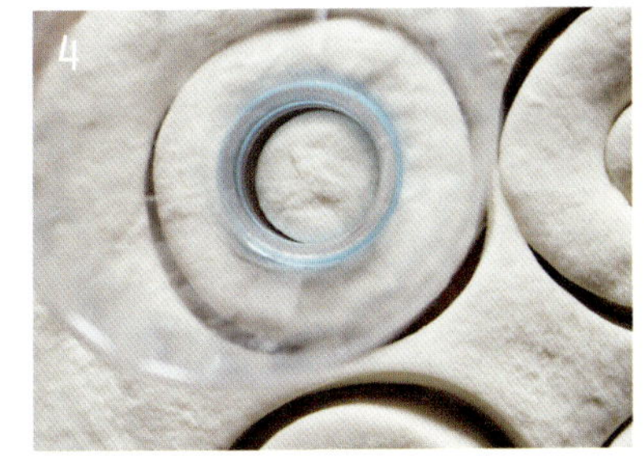

재료 12~15개

강력분 400g, 리코타 치즈 200g, 우유 150g, 올리브유 40g, 소금 약간, 드라이 이스트 4g, 튀김용 기름, 설탕 약간

1 먼저 미지근한 우유에 이스트를 풀어 1분 정도 둡니다.

2 1에 리코타 치즈를 넣어 잘 섞은 후 올리브유를 넣고 밀가루를 넣어 반죽을 시작합니다. 밀가루를 한 번에 넣지 말고 조금씩 넣어가며 수저로 섞은 후 어느 정도 뭉칠 때까지 수저로 반죽하다가 손으로 치대면 돼요. 반죽이 손에 묻지 않을 때까지 10분 이상 치대야 해요! 마지막 2~3분 남겨두고 소금을 넣고 치댄 후 실온에서 1차 발효시켜요.

3 반죽이 2배 정도로 부풀면(보통 1시간 정도 걸려요) 발효가 완성된 것이니 반죽을 꾹꾹 눌러 가스를 빼 줍니다.

4 도넛 분위기 좀 살려 정석으로 구멍 난 도넛을 만들어요. 슈라는 페트병을 이용해 찍어 주었어요.

5 2차 발효 없이 바로 튀겼어요. 일반 튀김보다 낮은 온도로 튀겨야 부드러운 식감의 빵이 됩니다. 170~180도가 적당한데, 처음 기름을 데우고 반죽을 넣었을 때 가라앉지 않고 천천히 올라오면 됩니다. 튀긴 도넛에 설탕을 뿌리면 완성.

tip 도넛을 꽈배기 모양으로 만들 땐 반죽을 길게 늘려 양쪽을 빨래 짜주듯이 비튼 후 이 상태에서 엇갈리게 꼬아야 튀길 때 풀리지 않아요!

밀크잼 쿠키

재료 20개

박력분 110g, 카카오 가루 20g, 버터 90g, 바닐설탕 50g, 달걀 1개,
밀크잼(또는 과일 잼이나 초콜릿잼), 덧 밀가루

1 박력분과 카카오 가루는 볼에 넣고 거품기로 대충 섞었어요.

2 1에 실온에 보관해 놓은 부드러운 버터와 달걀, 설탕을 넣고 섞어 줍니다. 가루가 보이지 않을 정도로 잘 섞어 줍니다. 반죽을 비닐에 넣고 3~4시간 냉장고에 넣어 둡니다.

3 작업판에 덧 밀가루를 뿌리고 반죽을 올린 후 밀대로 밀고 쿠키 틀로 찍었어요. 같은 모양의 쿠키 틀로 윗면 쿠키는 구멍이 있게, 아랫면 쿠키는 구멍이 없게 찍어 줍니다.

4 180도로 예열한 오븐에 넣고 13분 정도 구웠어요.

5 쿠키를 식힌 후 구멍이 없는 쿠키에 잼을 바르고 구멍이 있는 쿠키를 덮어 완성해요.

tip 바닐설탕이 없으면 동량의 설탕에 바닐라 오일 1g(2~3방울) 또는 바닐라빈 가루 약간을 넣어 주세요.

초콜릿칩 쿠키

아이들은 눈으로 먼저 맛을 보는 것 같아요.

우리 집 막내가 딱 그렇거든요. 보기에 예쁘지 않으면 싫어하고, 자기 입보다 더 커도 싫어하고, 양이 너무 많아도 싫어하고…. 그런데 말이죠, 어른 손바닥만 한 큼직한 크기에다가 울퉁불퉁 투박한 모양의 이 초콜릿칩 쿠키는 예외랍니다. 우리 집 막내도 일단 욕심내어 덥석 집고보는 이상한 마력의 쿠키입니다.

재료 15~18개

보릿가루 150g+쌀가루 50g(또는 박력분 200g), 바닐설탕 90g, 땅콩버터 50g, 버터 50g,

달걀 2개, 베이킹파우더 2g, 소금 1g, 다크 초콜릿 30g,

아몬드 30g(또는 좋아하는 견과류 적당량)

1 실온에 둔 버터와 땅콩버터, 설탕을 볼에 넣고 잘 저어 줍니다. 1~2분 정도 힘차게 저어 주세요.

2 달걀을 하나씩 넣어 섞어 줍니다.

3 보릿가루와 쌀가루, 베이킹파우더 그리고 소금을 넣고 가루가 보이지 않을 정도로 잘 섞어 줍니다.

4 밥숟가락으로 반죽을 수북하게 떠서 오븐 팬에 놓은 후 물 묻은 손으로 눌러 쿠키의 모양을 잡아 줍니다. 넓게 펴진 반죽 위에 적당한 크기로 부순 다크 초콜릿과 아몬드를 올려 줍니다.

5 180도로 예열한 오븐에서 12~13분 정도 구웠어요. 오븐 아랫단에 놓고 굽는 것이 좋습니다.

tip 바닐설탕이 없으면 동량의 설탕에 바닐라 오일 1g(2~3방울) 또는 바닐라빈 가루 약간을 넣어 주세요.

스콘

할아버지 입간판으로 유명한 프라이드치킨 가게의 바삭하고 부드러운 스콘을 먹고 싶다면 박력분으로, 푸근한 빵 같은 유럽식 스콘을 즐기고 싶다면 강력분을 이용하면 돼요. 오늘은 식은 후에도 부드럽고 포근한 맛을 낼 수 있도록 강력분으로 만들어 봅니다. 먹고 남은 것은 밀봉해서 시간이 지난 후 먹어도 맛있어요!

재료 6~8개

강력분 250, 버터 40g, 바닐설탕 40g, 달걀 1개, 베이킹파우더 4g, 우유 125g, 소금 약간,
반죽 위에 바를 우유 약간

1 넉넉한 크기의 볼에 버터와 설탕을 잘 섞은 후 우유, 소금, 달걀을 넣고 잘 섞어 줍니다.
2 1에 밀가루와 베이킹파우더를 넣고 가루가 보이지 않을 정도로 잘 저어 줍니다. 반죽이 질어요. 손으로 만지지 말고 숟가락으로 힘있게 섞어 주세요.
3 작업판 위에 밀가루를 뿌리고 반죽을 올렸어요. 반죽의 윗부분에도 밀가루를 살짝 뿌려 주세요.
4 손에 밀가루를 살짝 묻혀주면 반죽을 만질

만 해요. 손으로 적당히 둥글게 만들어 6조각으로 나눴어요.
5 붓에 우유를 묻혀 반죽 위에 바릅니다. 붓이 없다면 손가락으로 발라 주세요.
6 발효나 휴지 없이 바로 구워요. 180도로 예열한 오븐에서 15~20분 정도 구웠어요.

tip 버터와 달걀은 2시간 정도 실온에서 보관한 것을 사용합니다. 바닐설탕이 없으면 동량의 설탕에 바닐라 오일 1g(2~3방울) 또는 바닐라빈 가루 약간을 넣어 주세요.

아몬드 쿠키

만들면 재미있는 모양에 눈이 먼저 가고 이어서 손이 가고 마음까지 가게 되는 멋쟁이 쿠키예요. 아몬드 자체의 식물성 기름을 최대한 이용해 만들었답니다. 꿀을 넣어 만들어 '꿀맛' 이랍니다.

재료 60개

박력분 260g, 달걀노른자 2개, 아몬드 100g, 버터 50g, 꿀 120g, 베이킹파우더 3g,

소금 1g, 설탕 약간, 장식용 아몬드 약간

1 마른 프라이팬에 아몬드를 살짝 볶아 믹서에 넣고 5분 정도 갈아 크림 상태 즉, 아몬드 버터를 만들어 줍니다.

2 1의 믹서에 부드러운 상태의 버터와 달걀 노른자, 소금, 꿀을 넣고 2분 정도 더 돌려 줍니다.

3 믹서의 반죽을 볼에 담은 후 밀가루와 베이킹파우더를 넣고 잘 섞어 반죽을 뭉쳐 줍니다.

4 반죽을 비닐에 싼 후 사각 기둥 모양으로 길게 뭉쳐 냉장고에 1~2시간 정도 둡니다.

5 반죽을 두툼하게 잘라 옆면에 설탕을 묻혀 줍니다.

6 쿠키 반죽 위에 아몬드를 올리고 180도로 예열한 오븐에서 15~16분 정도 구웠어요.

에클레어

가벼운 반죽의 과자에 화려한 크림 장식으로 누구나 좋아하는 프랑스 과자입니다.
'에클레어'는 '번개'라는 뜻으로, 너무 맛있어서 번개처럼 먹는다는 의미로 붙은 이름이
에요. 크림에 따라, 반죽의 속 재료에 따라 다양하게 변형 가능한 과자죠. 슈라는 따라
하기 쉽도록 기본 반죽에 화이트 초콜릿으로 간단한 크림 장식을 더해 만들어 봤어요.

재료 *15~17개*

기본 반죽 박력분 100g, 우유 80g, 물 80g, 버터 70g, 바닐설탕 10g, 달걀 2개, 소금 2g

장식용 크림 딸기 크림(화이트 초콜릿 25g+딸기 가루 2g), 단호박 크림(화이트 초콜릿 25g+단호박 가루 2g),

커피 크림(화이트 초콜릿 25g+커피 가루 1~2g), 화이트 초콜릿 30g, 다크 초콜릿 30g

1 냄비에 우유와 물, 버터, 설탕, 소금을 넣고 불에 올려 버터가 녹을 때까지 끓입니다.

2 버터가 녹으면 냄비에 밀가루를 넣고 잘 섞어 줍니다.

3 밀가루가 잘 섞이면 불에서 내려 달걀을 한 개씩 섞어 반죽이 따로 놀지 않을 때까지 잘 섞어 줍니다.

4 모양 깍지를 끼운 짤주머니에 반죽을 넣고 오븐 팬에 간격을 두고 12cm 길이로 짜 줍니다. 170도로 예열한 오븐에서 20분, 150

도로 온도를 낮춰 15분 정도 더 구워 줍니다.

5 장식용 크림을 만듭니다. 화이트 초콜릿을 4개의 작은 컵에 분량대로 넣어 중탕하여 녹였어요. 분량의 가루를 각각 컵에 넣어 섞어 줍니다. 다크 초콜릿도 중탕하여 녹였어요.

6 오븐에서 구워 나온 에클레어가 충분히 식은 후 다섯 종류의 초콜릿 크림을 발라 줍니다.

tip 각각의 크림은 2~3개를 바를 수 있는 양입니다. 딸기 가루와 단호박 가루는 딸기와 단호박을 건조·분쇄한 가루로, 베이킹 재료 숍이나 대형 마트에서 구할 수 있어요. 커피 가루는 인스턴트 커피 가루입니다. 바닐설탕이 없으면 동량의 설탕에 바닐라 오일 1g(2~3방울) 또는 바닐라 빈 가루 약간을 넣어 주세요.

🍩 핫도그

'소시지빵'이 정확하겠지만 생긴 모양따라 '핫도그'라고 할래요.

생일날, 아이 친구들이 집에 놀러 오는 날 짠~ 하고 만들었던 강아지 모양의 핫도그는 그야말로 뜨거운 반응을 얻었던 '핫'한 빵 중 하나였어요. 핫도그 하나로 그날의 파티 는 두고두고 기억되고 있답니다. 하나씩 집어 들고 먹기 좋아 파티 날, 소풍이나 피크 닉 가는 날 제격인 간식입니다.

재료 8개

강력분 150g, 드라이 이스트 2g, 물 25+100g, 설탕 1큰술, 버터 10g, 소금 2g,

소시지 8개(9cm 길이), 덧 밀가루, 블랙 올리브 4개, 통후추 16개

1 볼에 물 25g과 드라이 이스트, 설탕을 넣고 잘 녹여 줍니다.

2 나머지 물 100g과 실온에서 보관한 말랑한 버터를 넣은 후 강력분을 넣습니다. 밀가루가 보이지 않을 정도로 수저로 섞어 줍니다. 반죽이 질어 손으로 만지지 못해요. 질어도 밀가루 첨가하지 마시고 그냥 잘 섞으세요.

3 볼 위에 냄비 뚜껑이나 랩을 씌워 실온에서 1차 발효를 합니다. 부피가 2배로 부풀면 발효가 끝난 거예요(온도나 습도에 따라 다르지만, 1시간~1시간 반이면 반죽이 2배로 부

풀죠).

4 작업판 위에 덧 밀가루를 넉넉하게 뿌리고 반죽을 올려요. 반죽을 동그랗게 나눠 덧 밀가루를 뿌려가며 만져 주세요.

5 소시지를 넣고 모양을 만들어 줍니다. 그냥 동그랗게 말아도 좋고, 저처럼 블랙 올리브로 코를 만들고 통후추로 눈을 만들어 강아지 모양으로 만들면 아이들이 좋아해요.

6 200도로 예열한 오븐에서 15분 정도 구웠어요.

크림치즈 와플

눈 뜨자마자 일어나 바로 먹어도, 맛있게 먹을 수 있는 담백한 빵!

바로 와플이에요. 요즘 한국에선 카페에서 많이 볼 수 있어 친숙하다죠. 아메리칸 스타일의 베이킹파우더를 넣은 와플과 달리 깔끔한 맛이 좋은 가벼운 와플을 소개할게요. 이스트를 넣고 유럽식으로 만든 와플이랍니다. 크림치즈의 고소한 풍미와 바삭한 식감이 감동적이죠. 집에서 이런 풍미의 빵을 만들 수 있다는 것에 놀랄 겁니다.

재료 4개

중력분 300g, 물 120g, 크림치즈 80g, 드라이 이스트 2g, 소금 2g

1 볼에 물을 담고 이스트를 풀어 줍니다. 냉장고에 보관해 놓았던 물은 절대 안 됩니다. 상온 보관 또는 미지근한 물이어야 발효가 됩니다.

2 이스트를 푼 물에 크림치즈를 풀어 줍니다.

3 2의 볼에 밀가루를 넣고 뒤적이다 소금을 넣어 준 후 가루가 보이지 않도록 잘 섞어 줍니다.

4 상온에 반죽을 두고 30분 정도 경과 후 와플 팬에 한 덩어리씩 올리고 적당히 구워내면 됩니다. 메이플시럽을 뿌려 먹으면 맛있어요. 없으면 잼으로 대체하세요.

기본 와플과 재미있는 간식

와플은 본래 그리스에서 시작된 간식이에요.

독일로 건너와 벌집처럼 생긴 틀에 구워 먹기 시작했고, 벨기에에서 꽃을 피우게 되었죠. 미국에서는 팬케이크처럼 시럽을 뿌려 간단한 아침식사로 많이 먹는다고 해요. 이런 와플이 슈라네 집으로 오면? 슈라는 기본 와플에 재미있는 재료를 더해 아이들을 위한 별미 간식으로 응용해 먹는답니다.

재료 4~5개

기본 반죽 물 200g, 중력분 300g, 드라이 이스트 2g, 소금 2g, 포도씨유 10g

속 재료 찹쌀떡, 치즈, 햄, 호떡 속(흑설탕+계핏가루+견과류) 적당량

1 상온 보관한 미지근한 물에 드라이 이스트를 풀어 줍니다.

2 이스트가 녹으면 포도씨유와 중력분을 넣고 저어 놓은 후 소금을 넣고 가루가 보이지 않을 정도로만 수저로 반죽을 합니다. 그리고 실온에서 30분 발효시킵니다.

3 반죽이 진 편이니 손에 물을 발라가며 반죽을 만져 와플 팬에 구워 줍니다. 메이플시럽이나 잼을 발라 먹으면 기본 아침식사가 되죠.

4 기본 반죽에 찹쌀떡을 넣고 꾹~ 눌러 구워 먹어도 별미고요.

5 호떡처럼 계핏가루와 흑설탕을 넣고 만들어 먹어도 훌륭한 후식이 됩니다.

6 치즈와 햄을 반죽 안에 넣고 꾹 눌러 먹어도 좋아요. 속 내용물이 반죽 밖으로 흘러 기계가 더럽혀질 수 있으나 그래도 용서가 됩니다. 맛있으니까!

tip 아침 시간이 바쁜 엄마들은 전날 반죽을 준비해 비닐이나 뚜껑이 있는 용기에 넣고, 상온에 10분 정도 둔 후 냉장고에 넣었다가 만들어 먹어도 좋습니다. 냉장 보관은 24시간을 넘기지 마세요.

## CHAPTER 4

아토피 아이도 맛있고 즐겁게
No 밀가루 쿠키&빵

요즘은 아토피로 고생하는 아이들이 많죠? 아토피가 있는 아이들은 음식을 가려 먹어야 하는 경우가 많은데, 특히 밀가루를 피해야 하는 경우가 많더라고요. 밀가루를 쓰지 않고도 맛있게 만들 수 있는 빵과 과자를 소개해드릴게요. 주로 밀가루 대신 쌀가루로 대체해서 만든 레시피가 많은데 밀가루가 전혀 아쉽지 않을 만큼 그 자체로 만족스러운 맛이 난답니다.

슈라는 베이킹용 쌀가루가 아닌 일반 건식 쌀가루를 사용했습니다. 베이킹용으로 시판되는 쌀가루에는 글루텐 성분이 인위적으로 첨가되어 있어요. 글루텐은 본래 밀가루에 함유되어 있는 단백질 성분으로 반죽을 부풀게 하고 빵의 결을 만들어 주죠. 베이킹용 쌀가루는 쌀에는 없는 이 글루텐 성분을 넣어 밀가루처럼 베이킹이 잘 되도록 만든 거예요. 강력 쌀가루, 중력 쌀가루, 박력 쌀가루 제품으로 나누어져서 나오죠.
그런데 아토피에 밀가루가 좋지 않은 이유가 바로 이 글루텐 성분 때문이라는 말이 있더라고요. 때문에 아토피가 있는 아이에게 먹일 거라면 베이킹용 쌀가루보다는 일반 건식 쌀가루를 사용하는 편이 좋겠죠.

꿀 생크림 쌀쿠키

버터, 설탕, 밀가루 성분 때문에 아이들에게 과자 먹이기를 꺼리나요?

그런 엄마들을 위한 보물 같은 레시피라고 생각합니다. 쌀가루의 특성상 식감이 조금 단단하게 느껴지기도 하는데 저는 바삭하다고 표현하고 싶어요. 바삭하고 부드러운 뒷맛이 좋은 쿠키로, 만드는 방법도 깜짝 놀라게 쉽답니다.

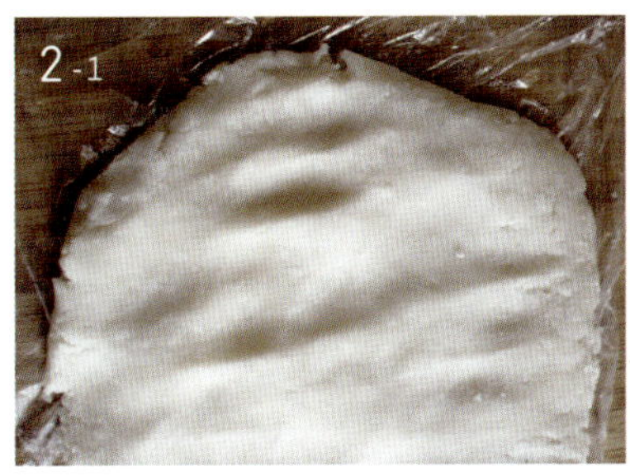

재료 36개

꿀 50g, 쌀가루 125g, 생크림 65g

1 볼에 세 가지 재료를 모두 넣고 수저로 잘 저어가며 가루가 보이지 않을 정도로 반죽을 뭉쳐 줍니다.

2 작업판 위에 랩을 깔고 반죽을 꾹꾹 눌러 모양을 잡아 주고 밀대로 일반 쿠키보다 살짝 얇게 밀어요(얇아야 구운 후 식감이 딱딱하지 않아요). 원하는 모양의 쿠키 틀로 찍어 줍니다. 반죽이 말을 잘 들어줘서 덧가루가 필요 없었어요.

3 오븐 팬 위에 쿠키 반죽을 적당히 늘어놓고, 170도로 예열한 오븐에서 13~15분 정도 구웠어요. 맛보기 전 주의사항! 구운 후, 바로 먹으면 실망합니다. 2시간 정도 지난 후 맛을 보세요.

연유 쌀쿠키

일부러 아가들을 위해 구운 것은 아니었답니다.

만들고 나니 '아가용 쿠키'라고 이름 불러 주고 싶을 정도로 순한 쿠키로 탄생했어요.
입에 짝 달라붙는 달달함이 아닌, 씹으면 씹을수록 고소함과 달콤함이 배어나오는 자
극 없이 순한 맛의 연유 쿠키랍니다. 여기서 아가란 돌이 지난 아가들입니다.

재료 30개

쌀가루 140g, 연유 90g, 포도씨유 30g, 달걀 1개, 베이킹소다 2g, 덧가루용 쌀가루 약간

1 덧가루용 쌀가루를 제외한 모든 재료를 볼
에 넣고 반죽을 뭉쳐 줍니다.
2 반죽을 작업판 위에 올리고 반죽 위에 쌀가
루를 살짝 뿌린 후 적당히 평평하게 밀어 줍
니다.

3 반죽을 원하는 쿠키 틀로 찍어낸 후 오븐
팬에 놓습니다.
4 180도로 예열한 오븐에서 10~12분 정도
구워내면 됩니다.

코코넛 쌀쿠키

코코넛 가루의 향과 쌀가루의 가벼운 식감이 날아갈 듯 가뿐하고 맛있는 쿠키예요. 꿀의 깊이 있는 단맛과 코코넛의 가벼운 단맛이 잘 어우러져 기분 좋은 달콤함으로 완성되는 쿠키입니다.

재료 45개

코코넛 가루 50g, 쌀가루 80g, 꿀 40g, 달걀 1개, 베이킹소다 1g, 덧가루용 설탕 20g

1 덧가루용 설탕을 제외한 모든 재료를 볼에 넣고 잘 섞어 줍니다.

2 가루가 보이지 않을 정도로 수저로 비벼가며 반죽을 한 후 둥그런 덩어리로 만들어 줍니다.

3 작업 판에 랩을 깔고 반죽을 올려놓은 후 반죽 위에 랩을 덮어 밀대로 밀어 줍니다. 작업판이나 밀대에 반죽이 묻지 않아 작업하기가 쉬워요.

4 쿠키 틀로 반죽을 찍어 설탕을 앞뒤로 묻힌 뒤 오븐 팬에 늘어 놓습니다. 170도로 예열한 오븐에서 10~12분 정도 구워 줍니다.

옥수수 호박씨 쿠키

옥수수 가루를 넣고 종이처럼 얇게 밀어서 구워 더욱 바삭하게 느껴지는 쿠키예요.
먹고 난 후의 뒷맛도 가벼워 심심풀이 과자처럼 자꾸만 손이 가게 됩니다. 아이들에게
안심하고 먹일 수 있는 것도 중요하지만, 맛이 있어야 먹는 즐거움도 있죠! 바로 그 두
가지를 다 갖춘 추천하고 싶은 쿠키입니다.

재료 25~30개

옥수수 가루 60g, 옥수수 전분 30g, 쌀가루 40g, 마른 호박씨 30g, 바닐설탕 50g,
포도씨유 30g, 물 30g

1 믹서에 모든 재료를 넣고 30초~1분 정도 갈아 주세요.

2 바닐라빈 가루나 바닐라 오일을 넣는다면 1에 추가로 넣어 20초 정도 더 갈아 줍니다.

3 작업판 위에 유산지를 넓게 깔고 2의 반죽을 꺼내 올려놓고 반죽 위에 랩을 덮어 얇게 밀어 줍니다.

4 얇게 밀어놓은 반죽 윗부분의 랩을 떼어내고 칼로 반죽을 사각형으로 잘라 줍니다.

5 잘라놓은 상태 그대로 오븐 팬에 잘 옮겨서 180도로 예열한 오븐에서 12~14분 정도 구워 주면 됩니다.

6 오븐에서 꺼낸 쿠키가 식으면 칼자국대로 뚝뚝 떼어 드시면 됩니다.

tip 바닐설탕이 없으면 동량의 설탕에 바닐라 오일 1g(2~3방울) 또는 바닐라빈 가루 약간을 넣어 주세요. 호박씨는 소금이 첨가된 안주용은 안 돼요.

아마레티

밀가루 없이도 부드럽고 촉촉한 맛을 내는 이탈리아 과자 아마레티!

이탈리아에서는 어른들이 식사 후 마시는 진한 알코올주 또는 그라파(와인을 만들고
남은 포도 건더기로 만든 술)나 커피에 찍어 아마레티를 먹기도 하지만, 아이들은 우유
와 함께 먹을 수 있는 과자입니다.

재료 30개

달걀흰자 2개분, 아몬드 가루 200g, 설탕 90g, 덧가루용 슈거파우더 60g

1 달걀흰자에 설탕을 넣고 거품을 내 머랭 형
태로 만들어요.

2 흰자 거품이 어느 정도 단단하게 올라오면
아몬드 가루를 섞어 줍니다. 반죽이 좀 질어
요. 주걱으로 만져 주셔야 해요. 잘 섞은 후
냉장고에 1~2시간 정도 둡니다.

3 작업판에 슈거파우더를 뿌리고(밀가루 아

닙니다!!!) 냉장고에서 꺼낸 반죽을 수저나 칼
로 조금 떼어 손에 살짝 물을 묻혀가며 동그
랗게 반죽을 만들어 주세요. 유산지를 깔아
놓은 오븐 팬 위에 올려 줍니다.

4 170도로 예열한 오븐에서 15~18분 정도
구웠어요.

# 부르티 마 부어니

'못생긴 것들이 맛은 있네!(brutti ma buoni)'라는 재미있는 이름을 가진 이탈리아 쿠키죠.

이름 그대로 울퉁불퉁 비죽비죽 못생겼는데도 정이 가고 순박한 맛이 좋은 이탈리아 과자입니다. 입안에서 사르르 녹아내리다가 고소한 견과류가 씹히는, 아이들과 어른 모두 다 좋아하는 후식용 맛 과자랍니다.

 No Butter　 No Flour

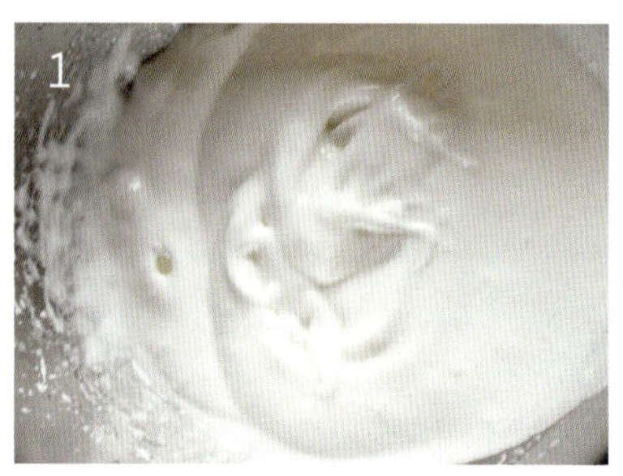
1

2

3

재료 20~25개
달걀흰자 3개분, 바닐설탕 150g, 견과류(호두, 헤이즐넛, 땅콩, 아몬드 등) 150g

1 달걀흰자에 설탕을 넣고 단단하게 거품을 냅니다.
2 거품 낸 흰자에 견과류를 넣고 잘 섞어요.

3 조금씩 떼어 오븐 팬에 놓습니다. 수저로 떠서 손으로 떼어내도 좋고, 짤주머니에 넣어 짜도 좋아요. 160도로 예열한 오븐에서 15~20분 정도 구워 주면 됩니다.

tip 바닐설탕이 없으면 동량의 설탕에 바닐라 오일 1g(2~3방울) 또는 바닐라빈 가루 약간을 넣어 주세요.

 # 백설기 빵

떡집이 멀어 백설기 사먹기 힘든 집에 강추!

이탈리아에 사는 슈라처럼 백설기가 그리웠던 아쉬움을 해결할 수 있을 겁니다. 방법은 엄청나게 쉬워요. '짝퉁'이라 하기엔 조금 억울한, 오리지널보다 더 맛있는 레시피입니다.

재료 8개

달걀 2개, 쌀가루 250g, 베이킹파우더 5g, 바닐설탕 150g, 우유 160g, 건포도 약간(생략 가능)

1 5분 정도 물에 불린 건포도와 나머지 모든 재료를 볼에 넣고 1분 정도 핸드블렌더로 후루룩 섞었어요.

2 반죽을 머핀 틀에 80% 정도 담아 넣습니다.

3 김이 오른 찜통에 반죽을 넣고 15~18분 정도 쩌 냅니다. 쩌서 바로 먹으면 제일 맛있지만, 식은 후 밀폐용기에 보관하면 하루 정도는 부드러운 맛 그대로 즐길 수 있어요.

tip 바닐설탕이 없으면 동량의 설탕에 바닐라 오일 1g(2~3방울) 또는 바닐라빈 가루 약간을 넣어 주세요.

아몬드 오트밀 쿠키

아이들은 익숙하지 않은 것들이 입안에서 씹히면 달콤한 과자라도 싫어하더라고요. 그런데 말이죠! 싫어하는 재료지만 함께 만들면 맛있게 먹는 경우를 많이 봤어요. "상민이가 만드니 더 맛있네!" 우리 집 막내 아이가 입이 짧은 편인데 가끔 과자를 함께 만들면 오븐에 들어가는 순간부터 나올 때까지 기대하며 기다립니다. 그 모습 자체로 반은 성공입니다.

재료 30개

납작오트밀 125g, 아몬드 50g, 흑설탕 60g, 달걀 1개, 포도씨유 50g,

바닐라빈 또는 바닐라 오일 약간(생략 가능), 소금 약간, 베이킹파우더 1g

1 아몬드와 납작오트밀을 믹서에 넣고 30초 정도 갈아 줍니다.

2 볼에 달걀과 포도씨유, 바닐라 오일, 흑설탕, 소금을 넣고 잘 섞어 줍니다.

3 2의 볼에 갈아놓은 아몬드와 납작오트밀을 넣고 베이킹파우더를 넣어 잘 섞어 줍니다.

4 반죽을 둥글려 작은 볼 크기로 만들어 오븐 팬에 간격을 두고 올려 놓습니다.

5 유리컵 바닥에 물을 묻히고, 반죽을 꾹 눌러 펴 줍니다.

6 180도로 예열한 온도에 넣고 10~12분 정도 구워 줍니다. 오븐마다 성격이 달라 쿠키의 색을 살피면서 구워야 합니다.

오렌지 향 쌀쿠키

너의 정체가 정말 쌀쿠키란 말이냐?

맛을 본 사람이라면 이런 의문이 생길 정도로 맛과 향이 진한 쌀쿠키예요. 쌀쿠키가 이런 매력이 있구나! 하고 감탄할 만큼 맛좋은 쿠키입니다. 상큼한 오렌지 향이 기분까지 산뜻하게 만들어 주지요.

재료 50개

쌀가루 125g, 바닐설탕 50g, 포도씨유 35g, 달걀 1개, 오렌지 껍질 1/2개분, 소금 약간

1 쿠키의 향을 살리는 중요한 재료, 바로 오렌지 껍질입니다. 잘 씻은 오렌지의 껍질 1/2개분을 강판으로 곱게 갈아 넣어야 쌀가루 특유의 향을 잡아 줍니다. 오렌지가 없으면 한라봉, 귤, 레몬 껍질이라도 갈아 넣어 주세요! 껍질의 하얀 부분이 들어가면 쓴맛이 나니, 색깔 있는 겉 부분만 이용합니다.

2 볼에 모든 재료를 넣고 가루가 보이지 않을 만큼 섞어 뭉쳐 줍니다.

3 비닐이나 랩 위에 반죽을 올리고 그 위에 비닐을 덮고 적당히 평평하게 밀어 주세요.

4 반죽을 길쭉하게 칼로 썰어 모양을 만들어 줘요.

5 오븐 팬에 올려 170도로 예열한 오븐에서 15분 정도 구웠어요. 굽고 난 후 2시간 정도 지나야 제맛이 납니다.

tip 취향에 따라 검은깨, 양귀비씨를 넣어도 좋아요.
바닐설탕이 없으면 동량의 설탕에 바닐라 오일 1g(2~3방울) 또는 바닐라빈 가루 약간을 넣어 주세요.

미숫가루 쿠키

밀가루도, 쌀가루도 아닙니다. 바로 미숫가루를 이용해 만든 쿠키예요.
미숫가루 한 사발 마시고 난 후의 뒷맛! 그 고소함이 그대로 느껴집니다. 아이들에게
자꾸만 만들어 주고 싶은 쿠키지만, 만들고 나면 어른들이 더 좋아한다는 사실! 모두들
좋아하는 쿠키예요.

재료 *25~30개*

미숫가루 120g, 버터 50g, 바닐설탕 90g, 달걀 1개, 베이킹소다 2g, 다진 견과류 20g

1 상온에서 3시간 이상 보관한 버터와 나머지 재료를 전부 섞어 뭉쳐 줍니다.

2 반죽을 비닐에 넣어 냉장고에 1시간 정도 보관합니다.

3 1시간 정도 지나(그 이상 24시간이 지나도 됩니다) 반죽을 냉장고에서 꺼내 유산지를 깔고 그 위에서 반죽을 밀어 줍니다.

4 원하는 틀로 찍어 180도로 예열한 오븐에서 13분 정도 구워 줍니다.

tip 바닐설탕이 없으면 동량의 설탕에 바닐라 오일 1g(2~3방울) 또는 바닐라빈 가루 약간을 넣어 주세요.

메밀 쿠키

베이킹에 메밀가루를 쓴다고?

좀 어색하다 생각할 수도 있겠지만 메밀가루의 구수한 맛과 향이 의외로 베이킹에 잘 어울린답니다. 누구나 좋아할 만한 메밀의 구수한 향이 그대로 살아 있는 메밀 쿠키. 메밀가루 특유의 향과 크림치즈가 만나 고소한 맛을 내는 쿠키입니다. 밀가루 걱정 없이 맛있게 드세요.

재료 45~50개

메밀가루 100g, 크림치즈 60g, 포도씨유 40g, 바닐설탕 70g, 쌀가루 50g, 베이킹소다 2g

1 크림치즈와 포도씨유, 설탕을 넣고 잘 섞어 줍니다.

2 메밀가루, 쌀가루. 베이킹소다를 체에 쳐 내린 후 1과 섞어요. 치대지 말고 가루가 보이지 않을 정도만 섞어 주세요.

3 반죽을 넉넉한 크기의 비닐에 넣어 줍니다 (냉장고에서 1시간 정도 반죽을 휴지시켰는데, 이 과정은 생략해도 좋아요).

4 비닐봉지에 있는 반죽을 그대로 밀대로 납작하게 밀어 주세요.

5 반죽 윗면 비닐을 찢고 쿠키 틀로 반죽을 찍어 오븐 팬에 놓습니다. 180도로 예열한 오븐에서 12분 정도 구워 줍니다.

tip 바닐설탕이 없으면 동량의 설탕에 바닐라 오일 1g(2~3방울) 또는 바닐라빈 가루 약간을 넣어 주세요.

리코타 쌀머핀

오렌지 향이 좋은 가벼운 식감의 쌀머핀이에요.

바로 구운 머핀은 겉이 바삭해서 식감이 좋고, 밀봉하여 하루가 지난 후 먹는 머핀은 부드럽고 촉촉해서 음료와 곁들여 먹기 좋죠. 노릇노릇 맛있게 구워서 기분 좋은 간식 시간을 만들어 보세요.

재료 6~7개

리코타 치즈 100g, 쌀가루 125g, 아몬드 가루 20g, 달걀 2개, 바닐설탕 80g,
포도씨유 20g, 양귀비 씨 2g(생략 가능), 베이킹파우더 3g, 오렌지 또는 레몬 껍질 1/2개분

1 볼에 양귀비 씨를 제외한 재료를 넣고 잘 섞어 줍니다. 오렌지 껍질은 색깔 있는 겉 껍질만 곱게 갈아 넣어 주세요. 가루가 보이지 않을 정도로만 섞어 주면 됩니다.
2 1의 볼에 양귀비 씨를 넣고 다시 한 번 섞어 줍니다.

3 머핀 틀에 반죽을 90% 정도 채워 주세요. 많이 부풀어 오르는 머핀이 아니므로 너무 적은 양을 넣어 구우면 촉촉하고 부드러운 속맛을 보기 힘듭니다. 180도로 예열한 오븐에 20~25분 구웠어요.

tip 바닐설탕이 없으면 동량의 설탕에 바닐라 오일 1g(2~3방울) 또는 바닐라빈 가루 약간을 넣어 주세요.

오트밀 머핀

"엄마, 오늘 간식은 뭐야?"

방과 후 집에 돌아온 아이들이 물어올 때 자신 있게 대답해 줄 수 있는 영양 간식입니다. 오트밀로 만들어 맛에 깊이가 있고, 크림치즈의 부드러움이 그대로 느껴진답니다. 담백한 오트밀 머핀을 소개합니다.

재료 5~6개

오트밀 가루 200g, 바닐설탕 150g, 쌀기름(또는 포도씨유) 50g, 달걀 1개, 크림치즈 100g, 우유 50g, 베이킹파우더 5g, 장식용 납작오트밀 약간(생략 가능)

1 볼에 설탕과 쌀기름, 달걀, 우유를 잘 섞어 줍니다.
2 크림치즈를 넣고 잘 섞어 주세요.
3 오트밀 가루와 베이킹파우더를 넣고 반죽에 멍울이 생기지 않도록 잘 섞어 줍니다.

4 머핀 틀에 반죽을 80% 정도 부어주고 납작오트밀을 올려 장식한 후 180도로 예열한 오븐에서 25분 정도 구워 줍니다.

tip 바닐설탕이 없으면 동량의 설탕에 바닐라 오일 1g(2~3방울) 또는 바닐라빈 가루 약간을 넣어 주세요.

메밀 머핀

꼭 추천하고 싶은 맛있고 심플한 건강 머핀입니다.

국수나 전에 쓰이는 메밀가루로 머핀을 만든다면? 그 맛이 어떨까 궁금하시죠? 메밀 특유의 구수함은 기본이고 밀가루가 주지 못하는 또 다른 포근함이 있답니다. 밀가루로 만든 일반 머핀의 촉촉한 케이크 같은 식감보다는, 부드러운 빵 같은 포근한 식감이 매력적인 든든한 머핀이죠.

재료 5~6개

메밀가루(100% 메밀) 200g, 플레인 요거트 125g, 바닐설탕 90g, 조청(또는 꿀) 20g,

포도씨유 40g, 두유 90g, 베이킹파우더 9g, 소금 약간

1 볼에 두유와 플레인 요거트, 설탕을 넣고 잘 섞어 줍니다.

2 1의 볼에 조청이나 꿀을 넣고 잘 섞어 주세요. 슈라는 조청을 넣었어요.

3 2의 볼에 베이킹파우더와 메밀가루 그리고 소금을 아주 약간만 넣고 반죽을 잘 풀어 줍니다.

4 머핀 틀에 80% 정도 채워서 180도로 예열한 오븐에서 25분 정도 구워 줍니다.

tip 바닐설탕이 없으면 동량의 설탕에 바닐라 오일 1g(2~3방울) 또는 바닐라빈 가루 약간을 넣어 주세요.

보릿가루 바나나 머핀

바나나와 보리의 만남. 보릿가루 바나나 머핀이에요.

기억나시나요? 우리 어릴 적엔 바나나가 참 귀했죠. 바나나 한 입 먹기도 어려웠던 시절, 어쩜 그리 향긋하고 맛났던지…. 요즘은 정말 쉽고 싸게 구할 수 있는 게 바나나죠. 그냥 까먹는 바나나가 심심하다면 머핀에 한번 넣어보세요. 바나나의 향과 맛이 더해져 또 다른 즐거움이 있답니다.

재료 8개

껍질 벗긴 바나나 1개(약 100g), 보릿가루 140g, 베이킹파우더 7g, 소금 1g, 바닐설탕 70g, 우유 50g, 포도씨유 50g, 헤이즐넛 또는 호두 40g

1 볼에 바나나와 설탕, 소금, 우유, 포도씨유를 넣고 핸드블렌더로 섞어 줍니다.
2 1의 볼에 보릿가루와 베이킹파우더를 넣어 잘 섞어 줍니다.
3 큼직하게 다진 헤이즐넛을 장식용 약간만 남겨두고 반죽에 넣어 잘 섞어 줍니다.

4 반죽을 머핀 틀에 80% 정도만 넣고 남겨뒀던 헤이즐넛을 윗부분에 조금씩 얹어 주세요. 180도로 예열한 오븐에서 20분 정도 구워 줍니다.

tip 바닐설탕이 없으면 동량의 설탕에 바닐라 오일 1g(2~3방울) 또는 바닐라빈 가루 약간을 넣어 주세요.

 # 보릿가루 초콜릿 머핀

아이들이 좋아하는 초콜릿 머핀을 밀가루, 버터, 달걀 없이 구워봤어요.
가능하냐고요? 비밀은 바로 보릿가루! 보릿가루로 만들면 빵이 더 가볍고 구수해진다는 사실을 아세요? 버터 대신 생크림을 넣어 보리의 구수함에 촉촉한 식감까지 갖추었지요.

재료 12개

보릿가루(100% 보리) 180g, 생크림 120g, 바닐설탕 120g, 우유 80g, 카카오 가루 20g,

베이킹파우더 9g, 초콜릿칩 60g

1 보릿가루, 베이킹파우더, 카카오 가루를 섞어 체에 쳐 놓습니다.

2 볼에 생크림과 설탕, 우유를 넣고 잘 섞어 줍니다. 1을 볼에 넣어 함께 섞고 초콜릿칩도 넣고 섞어 줍니다.

3 반죽을 머핀 틀에 80% 정도 넣어 줍니다. 초콜릿칩을 조금 더 준비해서 이때 머핀 위에 장식용으로 올려주어도 좋아요. 180도에서 20분 정도 구워 줍니다.

tip 바닐설탕이 없으면 동량의 설탕에 바닐라 오일 1g(2~3방울) 또는 바닐라빈 가루 약간을 넣어 주세요.

바나나 초콜릿 머핀

부엌 구석에서 멍들어버린 바나나가 있을 때 활용하면 좋은 레시피입니다.
바나나와 카카오 향기가 잘 어우러져 진한 맛을 전하는 쌀머핀이죠. 만들기도 쉽고 시들어 가는 바나나도 구할 수 있어 1석 2조인 머핀이라고나 할까요?

재료 10~11개

쌀가루 150g, 달걀 1개, 껍질 깐 바나나 1개 100g, 포도씨유 50g, 바닐설탕 120g, 우유 100g, 카카오 가루20g, 베이킹파우더 6g

1 바나나와 포도씨유, 우유, 달걀, 설탕을 볼에 넣고 핸드블렌더로 갈아 줍니다.

2 1의 볼에 쌀가루와 카카오 가루, 베이킹파우더도 함께 넣고 가루가 보이지 않을 정도로만 핸드블렌더로 섞어 줍니다. 30초 정도 돌렸어요.

3 머핀 틀에 반죽을 넣고 180도로 예열된 오븐에 20분 정도 구워 줍니다.

tip 바닐설탕이 없으면 동량의 설탕에 바닐라 오일 1g(2~3방울) 또는 바닐라빈 가루 약간을 넣어 주세요.

보릿가루 아몬드 케이크

이런저런 곡물 가루를 써서 베이킹을 하면 어떤 맛이 나는지 궁금할 때가 있어요.
보릿가루에 대한 관심도 그래서 생겼지만, 사실 우리나라의 국민 간식이었던 보리건빵
을 생각해보면 그다지 낯설지 않은 베이킹 재료죠. 밀가루를 소화하기 불편한 아이들
에게 추천하고 싶은 재료 중 하나가 바로 보릿가루입니다. 구수한 뒷맛이 좋은 보릿가
루와 아몬드가 섞여 깊은 풍미를 내는 케이크를 소개합니다.

재료 지름 20~22cm 케이크 1개

보릿가루 180g, 플레인 요거트 300g, 바닐설탕 120g, 아몬드(또는 아몬드 가루) 100g,

카놀라유 40g, 달걀 3개, 베이킹파우더 9g, 소금 1g, 양귀비 씨 1큰술(생략 가능)

1 아몬드를 믹서에 넣고 곱게 갈아 줍니다.
2 달걀을 흰자와 노른자로 나눈 후 각각 바닐
설탕 60g을 넣고 따로 거품을 내 줍니다. 흰
자는 머랭 같은 단단한 거품으로, 노른자는
마요네즈 같은 질감의 크림 상태가 되면 OK!
3 2의 노른자 볼에 갈아놓은 아몬드와 플레
인 요거트를 넣고 섞어 줍니다.
4 보릿가루, 베이킹파우더, 소금을 따로 볼
에 넣고 섞은 후 3의 볼에 3~4번에 걸쳐 나
눠 넣으면서 섞어 주세요. 이때 흰자 거품도

함께 번갈아 넣어줘야 해요. 즉 가루류–흰
자–가루류–흰자 이런 순서로 말이죠.
5 마지막으로 양귀비 씨 1큰술을 반죽에 섞어
넣었어요. 양귀비 씨는 생략해도 괜찮아요.
6 케이크 틀의 80% 정도만 반죽을 넣어 줍
니다. 180도로 예열한 오븐에서 45~50분
정도 구워 줍니다.

tip 바닐설탕이 없으면 동량의
설탕에 바닐라 오일 1g(2~3방
울) 또는 바닐라빈 가루 약간을
넣어 주세요. 플레인 요거트는
집에서 만든 수제 요거트, 시판
용 다 좋아요.

오렌지 케이크

이탈리아에 살고 있는 슈라는 가벼운 케이크나 쿠키, 빵으로 아침을 해결할 때가 많아요. 우리 집 단골 아침 메뉴 중 하나가 바로 쌀케이크입니다. 오렌지를 넣으면 오렌지 케이크, 레몬을 넣으면 레몬 케이크가 되죠. 한국에서라면 한라봉, 귤 등도 좋을 것 같아요. 상큼한 아침을 만들어 주는 우리 집 단골 케이크를 공개합니다.

재료 지름 18cm(2호) 시폰 케이크 1개

쌀가루 150g, 아몬드 가루 50g, 달걀 2개, 바닐설탕 90g, 쌀기름(또는 포도씨유) 40g, 우유 60g, 소금 1g, 베이킹파우더 8g, 오렌지(또는 레몬) 1/2개(껍질+즙 30g)

1 오렌지를 잘 씻은 후, 겉껍질만 곱게 갈아 주고 즙도 짜 둡니다. 달걀을 흰자와 노른자로 각각 나눠 담고 설탕을 흰자에 50g, 노른자에 40g을 넣고 단단하게 거품을 냅니다.

2 노른자 거품이 크림 상태로 걸쭉해지면 쌀기름을 넣고 섞어 줍니다. 우유와 소금도 넣어요.

3 쌀가루와 아몬드 가루, 베이킹파우더를 포크로 잘 섞어 준 후, 2의 볼에 섞어 줍니다. 이때 오렌지즙도 넣어 섞고요.

4 흰자 거품을 3의 볼에 조금씩 떠 넣어 섞어 가면서 반죽을 합쳐 줍니다.

5 마지막으로 오렌지 껍질 간 것을 넣고 섞는 것으로 마무리합니다.

6 케이크 틀에 식용유를 바르고 쌀가루를 골고루 뿌려 나중에 분리가 쉽도록 합니다. 여기에 반죽을 부어 주세요. 180도로 예열한 오븐에 30~35분 정도 구워 줍니다. 오븐에서 나온 케이크를 틀에서 분리하여 식혀 줍니다.

tip 바닐설탕이 없으면 동량의 설탕에 바닐라 오일 1g(2~3방울) 또는 바닐라빈 가루 약간을 넣어 주세요. 케이크가 식은 후 슈거파우더 70g과 오렌지 즙 3g을 섞어 시럽을 만들어 케이크 위에 뿌려 줘도 좋습니다.

오트밀 카스텔라

일반 밀가루로 만든 카스텔라와는 다른 푸근함이 있는 오트밀 카스텔라예요.
카스텔라 케이크를 자르는 순간 화려한 노란색이 드러나며 모든 이의 주목을 받게 되
죠. 밀가루를 피해야 하는 아이들에게 생일 케이크로 만들어줘도 참 좋아요.

재료 20×20cm 사각 틀 1개
오트밀 가루160g, 바닐설탕 90g, 달걀 4개, 포도씨유 15g, 꿀 15g, 소금 약간
장식 생크림 250g+ 설탕 50g, 과일 약간

1 두 개의 볼에 달걀을 흰자와 노른자로 나눠 담고 흰자에 설탕 60g, 노른자에 설탕 30g을 넣고 따로 거품을 냅니다. 흰자는 머랭 상태로 단단하게, 노른자는 마요네즈 같은 상태로 걸쭉하게 만들어 주세요.
2 노른자 볼에 꿀과 소금, 포도씨유를 넣고 거품기로 저어 줍니다.
3 2의 볼에 오트밀 가루를 약간씩 넣어가며 잘 섞어 줍니다.
4 3의 볼에 흰자 거품도 섞어 주세요. 반죽이 멍울 없이 매끄럽게 되도록 섞어 줍니다.

5 틀에 식용유를 바르고 오트밀 가루를 약간 뿌린 후 반죽을 넣고, 180도로 예열한 오븐에서 25~30분 정도 구워 줍니다. 다 구워지면 바로 틀에서 분리시켜 식힘망에서 식혀요.
6 케이크가 식는 동안 장식용 크림을 만듭니다. 물기가 없는 용기에 냉장 보관한 생크림과 설탕을 넣고 거품기로 저어요. 크림이 흘러내리지 않을 때까지 저어 주는데, 너무 많이 저으면 버터 상태가 되니 적당할 때 멈추세요. 식은 케이크 위에 완성한 크림을 발라 줍니다. 슈라는 산딸기를 올려 봤는데, 과일 없이 먹어도 맛있어요.

tip 바닐설탕이 없으면 동량의 설탕에 바닐라 오일 1g(2~3방울) 또는 바닐라빈 가루 약간을 넣어 주세요. 카스텔라의 노란색은 달걀노른자의 색깔에 따라 조금씩 달라질 수 있어요. 오트밀과 달걀이 만나 노란색이 됩니다.

## CHAPTER 5

이색 재료로 호기심까지 쑥쑥!

아이디어
쿠키&머핀

슈라는 베이킹에 다양한 재료, 다양한 곡물을 많이 시도해보는 편이에요. 그 이유는 주부로서 남은 이런저런 식재료를 알뜰히 활용하려는 것도 있고요, 순수한 호기심 때문이기도 해요. 아이들도 같이 눈을 반짝이며 오븐 앞에서 기다렸다가 이런저런 품평을 해 줍니다. 요즘은 아이들 요리 클래스도 많다는데 굳이 멀리 갈 필요 있나요? 우리 집 오븐 앞이 호기심 쑥쑥, 쿠킹 클래스죠. 이색 재료로 맛있게 완성했던 것들만 골라 알려드릴게요. 아이들과 함께 만들어 보세요.

퀴노아 쿠키

퀴노아! 단백질과 비타민, 무기질이 풍부해 요즘 각광받고 있는 착한 곡물이죠.
밥에만 넣어 드시나요? 쿠키에 양보 좀 해 주세요. 너무 올드한 멘트였나요? 그러나 올드하지 않은 참신한! 신선한! 쿠키 하나 나갑니다. 고소하고 아삭하고 바삭하고, 달콤하게 화이트 초콜릿 맛이 나는 맛있는 쿠키! 직접 먹어본 우리 집 아이들의 맛평입니다.

재료 45~50개

퀴노아 100g, 박력분 60g+통밀가루 60g(또는 박력분 120g), 설탕 70g, 버터 50g, 달걀 1개, 아몬드 10개(10g 정도), 소금 약간, 베이킹파우더 3~4g, 덧가루용 밀가루

1 먼저 퀴노아를 마른 프라이팬에 10분 정도 볶아 줍니다. 깨 볶아주듯이 중불에서 볶다가 퀴노아가 튀기 시작하면 불에서 내려 식혀 주세요.

2 식힌 퀴노아와 아몬드를 믹서에 넣고 갈아요. 너무 곱게 갈면 씹는 맛이 없어지니 30초 정도 갈면 충분합니다.

3 볼에 2의 간 것을 담고 밀가루와 통밀가루, 설탕, 달걀, 버터(버터는 상온에 보관해 놓은 말랑말랑한 것이어야 해요) 그리고 소금을 아주 조금만 넣고, 밀가루가 보이지 않을 정도로만 섞은 후 반죽에 랩을 씌워 냉장고에 30분 정도 둡니다.

4 작업판에 덧가루용 밀가루를 뿌리고 반죽을 올려요. 밀대로 밀어 쿠키 틀로 찍은 후 오븐 팬에 올려 주세요.

5 170도로 예열한 오븐에서 15~17분 정도 구웠어요. 충분히 식은 후 드시고 남은 쿠키는 뚜껑이 있는 병이나 통에 담아 보관하세요. 2~3일은 바삭하게 드실 수 있어요(슈라네는 하루면 끝날 양이지만요).

두유버터 율무차 머핀

'두유버터'와 따끈하게 차로 마시는 율무차 믹스를 넣은 머핀이에요.

한국에서 욕심을 부리고 커다란 봉투 가득 율무차를 들고 이탈리아로 왔는데, 막상 해가 지나면 남게 되더군요. 이 믹스가루를 가끔 빵이나 케이크에 활용하는데 조미료를 가미한 음식처럼 맛이 확! 살아나요. 아이들도 '이게 뭐야?' 하고 맛있게 잘 먹는 구수하고 고소한 맛의 보들보들 머핀입니다.

재료 8~9개

두유버터 120g(두유 50g+포도씨유 70~80g), 달걀 2개, 설탕 90g, 율무차 믹스 2봉(18g×2), 박력분 100g, 베이킹파우더 4g, 견과류 1~2큰술

1 두유버터를 만듭니다. 깊이가 있고 크기가 넉넉한 볼을 준비해 상온에서 6시간 이상 보관한 두유와 포도씨유를 넣고 핸드블렌더로 10초 정도 돌리면 크림 상태가 됩니다.

2 1의 볼에 설탕과 달걀을 함께 섞어 넣을 거예요. 그래야 두유버터가 여기저기 묻어나가 분량 줄어들 일이 없겠죠! 두유버터의 크림 상태가 묽어져도 걱정하지 말고 섞어 주세요.

3 박력분과 베이킹파우더를 체에 내려 2의 볼에 넣고 율무차 2봉도 넣어 모든 재료 합체! 그리고 견과류를 잘게 다져 넣었어요.

4 머핀 틀 9개에 나눠 반죽을 넣어 줍니다. 180도로 예열한 오븐에서 20분 정도 구워 줍니다.

콩가루 쿠키

착한 재료로 만들어 본 바삭하고 고소한 콩가루 쿠키!

엄마들에게 꼭 만들어 보기를 추천하는 쿠키 중 하나가 콩가루 쿠키랍니다. 인절미를 만들려고 콩가루 한 봉지 샀다가 엉겁결에 만들기 시작했어요. 한번 만들어 보고 그 맛에 반해 인절미보다 콩 쿠키를 더 자주 만들게 되었죠. 엄마가 만든 쿠키는 이래서 좋다! 라는 생각이 들게 만드는 쿠키입니다.

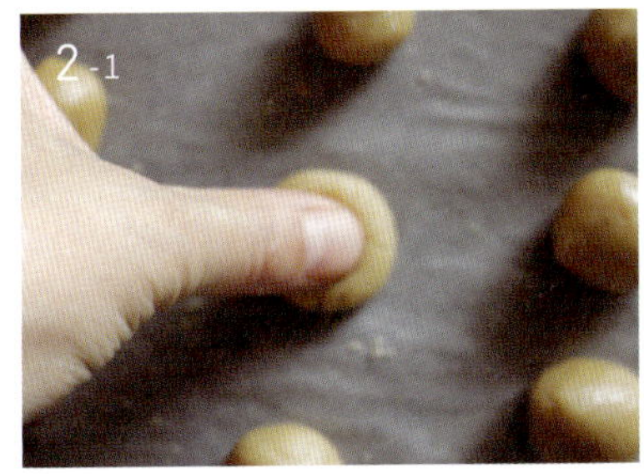

재료 48~50개

생크림 80g, 바닐설탕(또는 설탕) 80g, 콩가루 40g, 쌀가루 80g, 포도씨유 40g,
장식용 아몬드 슬라이스(생략 가능)

1 장식용 아몬드를 제외한 모든 재료를 볼에 넣고 가루가 보이지 않을 정도로만 반죽을 합니다. 재료로 들어간 설탕은 반죽에 녹지 않고 입자가 보일 정도가 되는데 더 치대지 말고 그대로 두셔도 괜찮아요. 완성된 후 살짝 씹히는 식감도 좋아요.

2 반죽을 엄지손가락 크기 정도로 동글동글하게 만들어 엄지손가락으로 꾹 눌러서 모양을 만들었어요.

3 중앙에 아몬드 슬라이스를 올려 구웠는데 생략 가능합니다. 180도로 예열한 오븐에서 12~13분 정도 구워 줍니다.

# 초콜릿 바 머핀

스니커즈, 마즈 등등 아이들이 좋아하는 사악한 간식, 초콜릿 바. 바로 이 초콜릿 바를 이용한 베이킹이에요. 머핀을 한 입 베어 물면 중간중간 쫀득한 씹는 맛이 느껴지죠.

재료 12개

통밀가루(또는 중력분이나 박력분) 250g, 흑설탕 80g, 베이킹파우더 8g, 포도씨유 30g, 땅콩버터 160g, 우유 180ml, 달걀 1개, 초콜릿 바 3개(150g 정도)

1 볼에 땅콩버터와 포도씨유, 흑설탕 그리고 달걀을 넣고 잘 섞어 줍니다.
2 통밀가루와 베이킹파우더 그리고 잘게 자른 초콜릿 바를 1의 볼에 넣고 섞어 줍니다.

3 머핀 틀에 반죽을 넣고 180도로 예열한 오븐에서 20분 정도 구워 줍니다.

tip 땅콩버터가 들어가니 땅콩이 함유된 초콜릿 바를 써도 어울릴 것 같고, 취향에 따라 좋아하는 견과류를 첨가해도 맛있답니다.

# 시리얼 통밀 쿠키

아이들이 좋아하는 달달한 아침식사용 플레이크.
사놓고 먹다 보면 반 봉지쯤 남는 적이 많죠. 버리기는 아깝고, 눅눅해져서 먹자니 즐겁지 않은 날! 콘플레이크를 재활용해서 쿠키를 만들어 보세요. 초콜릿 맛 플레이크와, 호랑이 힘이 솟아난다는 콘플레이크 이렇게 두 종류를 넣어 만들어봤어요.

재료 15~17개

통밀가루 130g, 메이플시럽(또는 꿀) 70g, 포도씨유 30g, 달걀 1개, 콘플레이크 50g,
베이킹파우더 1g, 소금 약간

1 볼에 모든 재료를 넣고 잘 섞어 줍니다. 가루가 안 보일 정도로 잘 섞어 주면 반죽은 끝!
2 반죽을 한 숟갈씩 떠서 오븐 팬에 간격을 두고 반죽을 올립니다.
3 떠 놓은 반죽 위에 유리컵 바닥을 물에 묻히고 꾹! 눌러 줍니다. 넓고 얇게! 180도로 예열한 오븐에서 15분 구웠어요.

마요링 쿠키

어느 집 냉장고에나 있는 마요네즈를 이용해 쉽게 만들어본 쿠키예요.

케첩과 마요네즈는 집집마다 없는 집이 없죠. 아이들도 만드는 과정을 보면서 마요네즈가 어떻게 쿠키로 변신하는지 궁금해 하고 신기해 한답니다. 좀 생소한 베이킹 재료이긴 하지만, 마요네즈 자체가 달걀과 오일이 주 재료인지라 고소함만은 어느 쿠키 못지않죠.

재료 60개
반죽 박력분 200g, 마요네즈 160g, 슈거파우더(또는 설탕) 80g
오렌지 맛 부재료 오렌지(또는 레몬) 껍질 간 것 1/2개분, 오렌지즙(또는 레몬즙) 1큰술
초콜릿 맛 부재료 우유 2큰술, 카카오 가루 1큰술

1 볼에 박력분과 마요네즈, 슈거파우더를 넣고 수저로 뒤적이며 가루가 보이지 않을 만큼 섞어 줍니다. 쿠키에 슈거파우더를 쓰는 경우가 많은데 그 이유는 바삭한 식감을 더해 주기 위함이에요. 하지만 일반 설탕을 사용해도 좋아요.
2 반죽을 두 덩어리로 나누고, 먼저 한쪽 반죽에 마요네즈의 느끼한 향을 없애기 위해 오렌지 껍질 간 것과 오렌지즙을 넣어 반죽을 완성합니다. 오렌지 껍질의 흰 부분은 쓴

맛이 나므로 색깔 있는 겉껍질만 곱게 갈아 넣어주세요.
3 나머지 한쪽 반죽에 카카오 가루와 우유를 섞어 마무리합니다. 아이들이 좋아하는 초콜릿 맛 반죽 완성입니다.
4 각각의 반죽을 짤주머니에 넣어 오븐 팬 위에 유산지를 깔고 원하는 모양으로 짠 후 180도로 예열한 오븐에서 12분 정도 구워 줍니다.

tip 오렌지나 레몬이 없으면 대신 바닐라 오일이나 럼주라도 2~3방울 정도 넣어 주시면 좋습니다.

🧁 대파를 넣은 치즈 브레드

달지 않은 맛의 든든한 간식이에요.

특히 늦잠 자고 일어난 주말의 브런치 메뉴로 추천하고 싶은 빵입니다. 구워서 오븐에서 꺼내면 야채빵과 비슷한 향이 나는데, 맛은 훨씬 더 푸근하고 포근하죠! 파르메산 치즈 향이 묻어나는 뒷맛에 아마 깜빡 반할 겁니다. 식은 후엔 프라이팬에 기름을 살짝 두르고 데워 먹어도 아주 맛있어요!

재료 *20×20cm*

중력분 70g, 옥수수 가루 70g, 달걀 1개, 갈아놓은 파르메산 치즈(또는 파다노 치즈) 30g, 우유 200ml, 포도씨유 30g, 베이킹파우더 4g, 다진 파 2큰술(50g), 소금 2~3g, 후춧가루 약간

1 볼에 우유와 달걀, 포도씨유를 넣고 잘 섞은 후 소금과 치즈를 넣고 섞어 줍니다. 대충 포크나 수저로 1분 정도 섞어 주면 돼요.
2 중력분과 옥수수 가루와 베이킹파우더를 1에 넣고 대충 섞어 줍니다,

3 반죽에 다진 파와 후추를 넣고 섞은 후 오븐 팬에 넣고 구워 줍니다. 저는 오븐 팬에 코팅이 안 되어 있어 유산지를 깔고 구웠어요.
4 200도로 예열한 오븐에서 20~25분 정도 구워 줍니다.

코코넛밀크 머핀

요리에도 계절 요리가 있듯이 베이킹에도 계절 베이킹이 있다는 생각이 들어요.
여름에 먹으면 더 맛있는 것이 있는데 코코넛밀크를 넣은 이 머핀이 그중 하나입니다.
코코넛밀크는 야자나무 열매인 코코넛에서 뽑아낸 주스인데 우유처럼 하얗죠. 대부분
통조림으로 판매하는데 단맛은 없어요. 코코넛밀크의 고소한 향이 코코넛 가루만 넣
고 만든 머핀과는 그 깊이가 다르답니다.

재료 10~11개

코코넛밀크(첨가물 없는 것으로) 120g, 박력분 150g, 설탕 100g, 포도씨유 50g,

코코넛 가루 50g, 달걀 1개, 베이킹파우더 4g, 소금 약간, 레몬 1/2개, 양귀비 씨 약간(5g)

1 통조림 코코넛밀크를 개봉해 설탕, 포도씨
유, 달걀과 함께 볼에 넣고 잘 섞어 줍니다.
2 잘 씻은 레몬을 노란 겉껍질만 곱게 갈아
서 1의 볼에 넣고 레몬즙도 짜서 넣고 섞어 줍
니다.
3 체에 쳐 놓은 밀가루와 베이킹파우더, 소
금, 코코넛 가루를 2의 볼에 넣고 반죽을 잘
섞어 줍니다.

4 반죽에 양귀비 씨를 넣고(취향에 따라 양을
조절하세요) 섞어 주세요.
5 반죽을 머핀 틀에 넣어 줍니다. 180도로 예
열한 오븐에서 20분 정도 구웠어요.

네 가지 맛 크래커

밀가루와 소금만 넣고 만든 크래커는 담백해서 아이들 간식으로 자주 사주게 되죠.

시판 제품도 있지만 집에서 직접 만들어 보세요. 어렵지 않을뿐더러 한 가지 반죽으로 네 가지 맛으로 변형 가능해서 더욱 입이 즐거워진답니다. 참깨를 넣은 크래커는 고소하고요, 치즈를 넣은 것은 고소짭짤하고요, 양귀비 씨 넣은 것은 씹히는 맛이 재미있죠. 실파를 넣은 것은 입에 착~감겨 맛있어요!

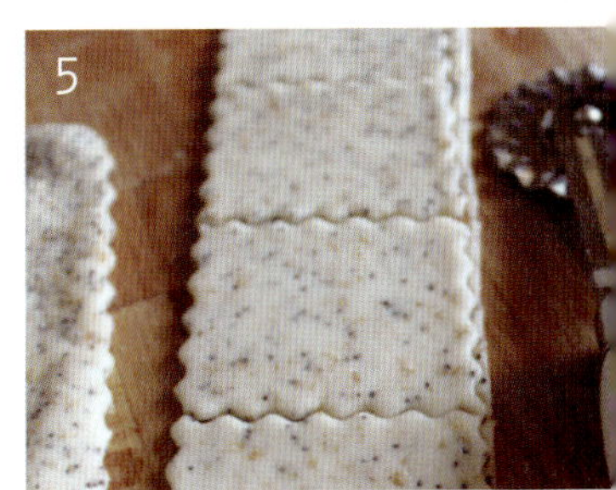

재료 100개

반죽 통밀가루 120g+중력분 380g(또는 강력분 500g), 물 200g, 올리브유 80g, 소금 15g, 드라이 이스트 4g

부재료 참깨, 치즈 가루, 양귀비 씨, 다진 실파 각각 5~7g

1 드라이 이스트를 분량의 물에 풀어 주고 소금을 제외한 반죽 재료를 넣고 수저로 잘 섞어 줍니다. 다시 소금을 넣고 손으로 5분 정도 반죽을 합니다.

2 반죽을 랩으로 씌워 두 배 이상 부풀어 오를 때까지 실온에서 발효를 시킵니다. 대략 50분 정도면 두 배가 돼요.

3 반죽을 4등분해 준비한 각각의 부재료를 넣어 주세요.

4 부재료가 밖으로 나오지 않게 반죽을 잘 감싼 후 반죽을 밀어 줍니다.

5 적당한 얇기로 밀어 원하는 크래커 모양으로 반죽을 잘라 줍니다. 200도로 예열한 오븐에서 10분 정도 구워 주면 됩니다.

tip 밀가루는 강력분을 사용해도 좋지만, 슈라는 통밀가루에 일반 밀가루를 섞어 사용했어요. 소금은 갈아놓은 천일염을 이용했습니다. 슈라는 크래커 위에 치즈도 올려 먹고 스파게티 소스도 올리고 샐러드와도 함께 먹는답니다.

마른 빵 케이크

무슨 연관인가 싶겠지만 약밥처럼 쫀득하고 달콤한, 오븐에 구운 찹쌀떡 같은 분위기의 케이크를 이탈리아에서는 마른 빵을 이용해 만들어 먹더라고요. 이 마른 빵 케이크를 맛본 후 든 생각이 사람 입맛은 다 비슷하구나 싶었습니다. 우리 아이들이 냄새는 약밥 같고 먹으면 찹쌀떡 같다며 좋아하는 별식입니다.

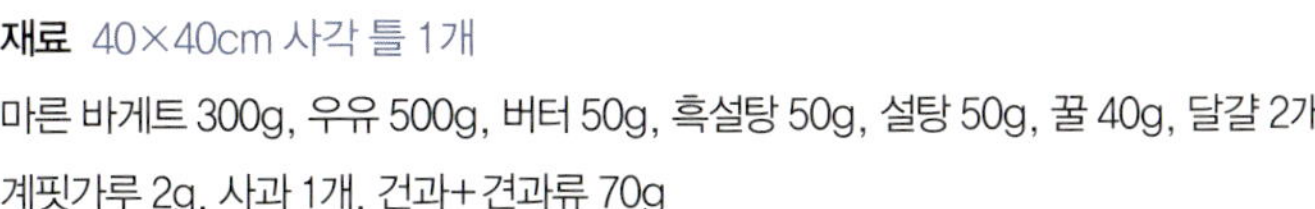

재료 40×40cm 사각 틀 1개

마른 바게트 300g, 우유 500g, 버터 50g, 흑설탕 50g, 설탕 50g, 꿀 40g, 달걀 2개, 계핏가루 2g, 사과 1개, 건과+견과류 70g

1 마른 빵은 버터가 들어가지 않은 바게트나 치아바타 종류로 준비해 주세요. 먹다 남은 것을 활용하면 알뜰하죠. 기본 3~7일 정도 바람이 잘 통하는 곳에서 마른 빵입니다.

2 마른 빵을 손으로 대충 잘라 볼에 우유와 같이 넣고 2~3시간 정도 둡니다. 20~30분에 한 번씩 빵을 위아래로 뒤집어 우유가 잘 스며들도록 해 주세요.

3 시간이 지나 빵이 축축해지면 조금 더 잘게 손으로 으깨 줍니다.

4 눅눅해진 빵에 액체 상태로 녹인 버터와 달걀, 꿀, 설탕, 계핏가루를 넣고 손으로 잘 섞어 줍니다.

5 잘게 썰어놓은 사과와 취향에 따라 좋아하는 말린 과일, 견과류 등을 넣어 줍니다.

6 오븐 팬에 유산지를 깔고 반죽을 납작하게 펴 줍니다. 180도로 예열한 오븐에서 25~30분 정도 구워 줍니다. 식은 후 먹어야 더욱 맛있어요.

tip 건포도, 블루베리 등 말린 과일과 다진 호두, 아몬드, 땅콩 등 견과류는 취향에 맞게 준비해 주세요.

아마란스 머핀

퀴노아보다 좀 더 작은 알갱이로 된 곡물인 아마란스.

역시 퀴노아처럼 단백질 함량이 높고 미네랄과 항산화 성분인 폴리페놀도 풍부하다죠.
쌀과 섞어 같이 밥을 지어도 좋지만 슈라는 아마란스를 갈아 머핀을 만듭니다. 조금 생
소한 곡물이지만, 만들면서 내내 고소한 참깨 냄새가 나는 것이 머핀을 완성하고 보니
익숙한 우리네 한과 같다는 생각도 드네요.

재료 7~8개
아마란스 100g, 아몬드 50g, 달걀 1개, 포도씨유 60g, 우유 60g, 바닐설탕 60g, 베이킹파우더 3g

1 뜨겁게 달군 마른 프라이팬에 아마란스를
넣고 뚜껑을 닫은 채 30초 정도 둡니다. 팝콘
만들 때처럼 아마란스 알갱이가 터지기 시작
해요. 30초가 지난 후 불을 끄고 뚜껑을 열어
나무주걱으로 한 번 섞은 후 다시 닫아 1분
정도 기다립니다.
2 식힌 아마란스를 아몬드, 베이킹파우더와
함께 믹서에 넣고 2분 정도 갈아 줍니다.

3 볼에 달걀과 포도씨유, 우유, 바닐설탕을
넣고 믹서에 갈아놓은 것을 함께 섞어 가루
가 없어질 때까지 섞어 줍니다.
4 반죽을 머핀 틀에 넣고 180도로 예열한 오
븐에서 25~30분 정도 구워 줍니다.

tip 바닐설탕이 없으면 동량의
설탕에 바닐라 오일 1g(2~3방
울) 또는 바닐라빈 가루 약간을
넣어 주세요.

아마란스 쿠키

좀 생소한 재료인 아마란스는 퀴노아 등과 함께 최근 슈퍼 곡물로 각광받고 있죠. 항산화 성분도 많고 글루텐이 전혀 없어 다이어트와 성인병 예방에 좋다고 해요. 아마란스를 살짝 볶으면 팝콘처럼 알갱이가 터져 나오는데 그 향이 고소한 깨 볶음 같죠.

재료 30개

아마란스 50g, 중력분 100g, 잘게 부순 헤이즐넛 50g, 버터 40g, 달걀 1개, 흑설탕 30g,
설탕 30g, 베이킹파우더 2g, 소금 약간(0.5g)

1 아마란스를 볶아 줍니다. 잘 달군 프라이팬에 아마란스를 넣고 뚜껑을 덮어 30초 정도 기다린 후 뚜껑을 열어보면 팝콘처럼 대부분의 아마란스 알갱이가 터져 있어요. 나무주걱으로 한 번 뒤적인 후 다시 뚜껑을 덮고 불을 끄고 30초 정도 둡니다.

2 아마란스를 충분히 식혀 볼에 넣고 상온에서 보관한 말랑한 버터와 설탕을 넣어 잘 섞어준 후 달걀을 넣고 다시 섞어요. 그리고 나머지 재료도 모두 넣고 가루가 보이지 않을 정도로 섞어 줍니다.

3 비닐에 반죽을 넣어 냉장고에 넣었다가 2시간 후 꺼내요.

4 작업판에 밀가루를 조금 뿌리고 반죽을 놓고 밀대로 밀어 쿠키 틀로 찍어 냅니다. 오븐 팬에 올려 180도로 예열한 오븐에 12분 정도 구웠어요.

기장가루 머핀

슈라의 베이킹 탐험은 어디까지일까요?

네. 오곡밥에 들어가는 그 기장 맞습니다. 노란 빛깔의 작은 알갱이로 우리에겐 오곡밥
재료로 익숙한 기장을 머핀에 넣어보았어요. 아이들도 이번에는 과연 무슨 맛이 탄생
할지 호기심 가득 오븐 앞에서 기다립니다. 다른 특별한 쿠킹 클래스가 필요 없죠. 구
수하고 담백하게 완성된 기장가루 머핀입니다.

재료 6~7개

기장가루 60g, 통밀가루 60g, 달걀 1개, 바닐설탕 90g, 포도씨유 40g, 코코넛 가루 30g,
플레인 요거트 125g, 견과류 20g, 베이킹파우더 4g

1 볼에 플레인 요거트와 달걀, 설탕, 포도씨
유를 넣고 수저로 잘 섞어 줍니다.
2 1의 볼에 코코넛 가루를 섞어 줍니다. 기장
가루와 통밀가루, 베이킹파우더도 넣어 가루
가 보이지 않을 정도로만 섞어 줍니다.

3 좋아하는 견과류를 잘게 잘라 반죽에 넣고
섞어 줍니다.
4 머핀 틀에 80% 정도 반죽을 채워 줍니다.
180도로 예열한 오븐에서 20분 정도 구우면
완성!

tip 바닐설탕이 없으면 동량의
설탕에 바닐라 오일 1g(2~3방
울) 또는 바닐라빈 가루 약간을
넣어 주세요.

기장가루 초콜릿 쿠키

기장가루는 슈라가 자주 애용하는 베이킹 재료랍니다.
소화가 잘 되고 가벼운 식감이 매력적이어서 베이킹에 자주 권하고 싶은 재료 중 하나
예요. 일반 밀가루 쿠키와는 다른 즐거움이 있어 아이들에게 선물하고 싶은 맛있는 초
콜릿 쿠키입니다.

재료 25~30개

기장가루 180g, 바닐설탕 180g, 달걀 1개, 버터 60g, 초콜릿 칩 30g, 헤이즐넛(또는 호두) 30g,

베이킹파우더 1g, 카카오 가루 10g, 소금 약간

1 볼에 버터와 달걀, 설탕과 베이킹파우더, 소금을 넣고 잘 섞어 줍니다. 버터는 실온에서 3시간 이상 보관한 부드러운 상태의 것입니다.

2 기장가루와 카카오 가루를 넣고 반죽을 대충 뭉쳐 줍니다.

3 헤이즐넛을 잘게 다져 줍니다.

4 2의 뭉쳐놓은 반죽에 헤이즐넛과 베이킹용 초콜릿 칩을 넣고 반죽을 잘 섞어 줍니다.

5 랩으로 반죽을 싸고 길쭉하게 모양을 잡아 냉장고에 1시간(12시간까지도 보관 가능) 정도 둡니다.

6 냉장고에서 반죽을 꺼내 적당한 두께로 잘라 손으로 모양을 살짝 잡아 줍니다. 오븐 팬에 유산지를 깔고 반죽을 적당히 늘어놓은 후 180도로 예열한 오븐에서 12~13분 정도 구워 줍니다.

tip 바닐설탕이 없으면 동량의 설탕에 바닐라 오일 1g(2~3방울) 또는 바닐라빈 가루 약간을 넣어 주세요.

밤 쿠키

이탈리아의 겨울 길거리 간식 중 하나가 군밤이라는 사실을 아시나요?

이곳에서도 겨울이면 군밤 장사 아저씨들을 거리에서 만날 수 있답니다. 밤 껍질 타는 냄새만 맡아도 노을 지는 들녘 시골집 아궁이의 밥 짓는 냄새가 떠올라요. 시골 출신이라 그런지 밤과 메밀은 제가 좋아하는 베이킹 재료랍니다. 밤 가루와 메밀가루가 만나 구수하고 바삭한 맛을 자랑하는 밤 쿠키! 우리 아이들도 자주 찾는 인기 과자죠.

재료 40~45개

밤 가루 120g, 메밀가루 50g, 바닐설탕 50g, 우유 50g, 포도씨유 40g, 베이킹소다 1g, 헤이즐넛(또는 호두) 50g, 소금 약간

1 헤이즐넛 또는 호두를 잘 다져 줍니다.
2 볼에 모든 재료를 합쳐 잘 뭉쳐 줍니다.
3 작업판 위에 유산지를 깔고 반죽을 손으로 눌러가며 펴 줍니다. 그냥 바로 밀대로 밀어 주면 반죽이 갈라져서 밀기 힘들어요. 어느 정도 모양이 잡히면 밀대로 적당히 밀어 주세요.

4 쿠키 틀로 찍어 모양을 낸 후, 실리콘 주걱으로 오븐 팬에 옮겨 줍니다. 180도로 예열한 오븐에서 10~12분 정도 구워 줍니다.

tip 바닐설탕이 없으면 동량의 설탕에 바닐라 오일 1g(2~3방울) 또는 바닐라빈 가루 약간을 넣어 주세요.

CHAPTER 6

어린이집, 유치원 친구들에게

선물하기 좋은 예쁜 과자

아이를 키우다 보면 가끔 작은 선물로 마음을 전하고 싶을 때가 생기죠. 비싸거나 부담스럽지 않으면서도 받는 사람이 정성을 느낄 수 있는 선물을 항상 고민하게 되는데, 그럴 때 직접 빵이나 과자를 구워주는 것도 좋은 방법인 것 같아요. 예쁜 모양에 눈도 즐겁고 맛있게 먹을 수도 있으니 실속 있죠. 어린이집이나 유치원에 선물할 때도 아이들끼리 조잘거리며 나눠먹게 될 생각을 하면 참 흐뭇하죠.

딸기 머핀

이탈리아 시장에도 딸기가 나와 사긴 하는데 늘 속는 기분으로 구입하죠.

그 이유는 이탈리아의 딸기는 맛있는 것을 사서 먹기가 좀 힘들기 때문이에요. 그래서
딸기를 사 놓고 설탕이 들어간 생크림에 찍어 먹기도 하고 요거트와 함께 먹기도 하는
데 가끔은 머핀에 풍덩~ 집어 넣어보기도 하죠. 화사하고 예쁘게 완성된 딸기 머핀은
선물용으로 그저 그만입니다.

재료 6개

박력분 130g, 요거트(딸기 맛) 125g, 포도씨유 50g, 달걀 1개, 설탕 70g, 베이킹파우더 1g,
딸기 4~5개

1 요거트와 달걀, 설탕을 볼에 넣고 숟가락
이나 실리콘 주걱으로 잘 섞어준 후 포도씨
유를 넣고 1분 정도 섞어 줍니다.

2 밀가루와 베이킹파우더를 넣고 가루가 보
이지 않을 정도로 섞어 줍니다.

3 딸기를 잘게 썰어 줍니다.

4 썰어놓은 딸기를 3개분만 반죽과 섞어 줍
니다.

5 머핀 틀에 반죽을 80% 정도 채워 놓고, 남
겨둔 딸기 조각을 반죽 위에 2~3 개씩 올려
줍니다. 180도로 예열된 오븐에 20분 정도
구웠어요.

리코타 초콜릿 머핀

화려하지는 않아도 아이들 눈을 충분히 즐겁게 해 줄 수 있는 머핀입니다.

머핀 위를 장식하는 재료로 다양한 변화를 줄 수 있고, 만들기도 쉬워요. 일단 리코타 치즈가 들어가 담백하고 부드럽고요, 초콜릿 칩의 달콤함까지 더해지죠. 초콜릿을 싫어하는 아이들에겐 잼으로 장식해서 만들어도 좋은 선물이 되죠.

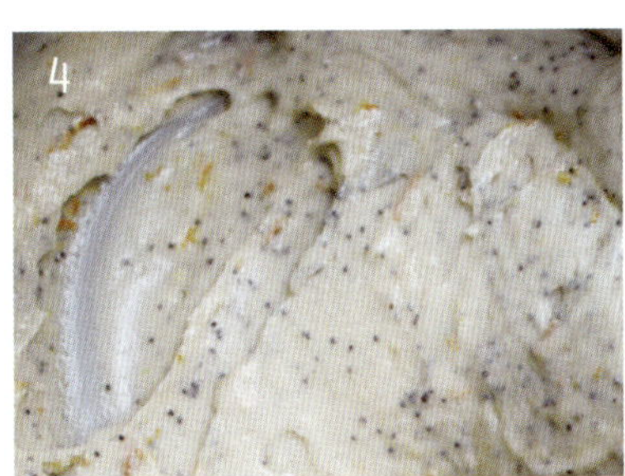

재료 *12개*

리코타 치즈 200g, 박력분 200g, 설탕 130g, 옥수수유(또는 포도씨유) 45g, 베이킹파우더 5g, 소금 약간, 달걀 2개, 우유 1큰술, 오렌지(또는 레몬) 껍질 1/2개분(또는 바닐라 오일 2~3방울), 양귀비 씨 2g(생략 가능), 장식용 초콜릿 칩(또는 오렌지잼) 적당량

1 리코타 치즈와 달걀, 그리고 옥수수유를 볼에 넣고 잘 섞이도록 풀었어요.

2 1의 볼에 설탕을 넣고 밀가루와 베이킹파우더를 체에 쳐 넣어 잘 섞어주고 우유 1큰술을 넣어 줍니다.

3 반죽 볼에 오렌지 껍질을 곱게 갈아 넣어 주세요. 하얀 속껍질 말고 색깔 있는 겉껍질만 살짝 강판에 갈아 줍니다. 오렌지나 레몬이 없다면 바닐라 오일을 넣어줘도 좋습니다. 여기까지가 기본 반죽이에요.

4 기본 반죽에 양귀비 씨를 넣어 주어도 좋고 없으면 생략해도 돼요.

5 머핀 틀에 반죽을 80%까지 넣어 윗부분에 제빵용 초콜릿 칩이나 좋아하는 잼을 티스푼으로 한 숟갈 정도 올려주면 됩니다.

6 180도로 예열한 오븐에서 30분 정도 구워 줍니다.

리코타 쿠키

아침식사로 먹는 쿠키는 따로 있다?

이탈리아 사람들이 우유에 찍어 먹는 아침식사용 쿠키입니다. 물론 오후의 차와 함께 먹어도 좋지만 '우유에 찍어 먹는 것이 더 맛있다'에 한 표를 주고 싶은 슈라예요. 가볍고 부드러운 맛의 쿠키로, 초콜릿 맛과 바닐라 맛 부분이 비~비~ 꼬여 있어 모양까지 재미있어요. 아이들에게 즐거운 선물이 될 거예요.

재료 50개

중력분 300g, 리코타 치즈 130g, 바닐설탕 150g, 달걀 1개, 카카오 가루 20g, 우유 1큰술(7~10g), 베이킹파우더 3g, 아몬드 에센스(또는 바닐라 에센스) 1g

1 볼에 리코타 치즈와 바닐설탕, 달걀을 넣고 잘 섞어 줍니다.

2 1의 볼에 중력분과 베이킹파우더를 넣고 잘 섞어준 후 반죽을 뭉쳐 줍니다.

3 반죽을 두 덩어리로 나눠 한쪽에는 아몬드 에센스를 넣어 반죽을 다시 한 번 살짝 주물러 주고, 또 다른 한쪽에는 우유와 카카오 가루를 넣고 반죽을 주물러 진한 갈색이 골고루 스며들도록 해 줍니다.

4 두 반죽을 길게 늘려 서로 다른 반죽과 꼬아 5cm 정도 길이로 잘라 줍니다.

5 자른 반죽을 오븐 팬에 올려요. 반죽 위에 물을 조금 바른 후 설탕을 살짝 뿌려주면 더 맛있어요(슈라는 생략했습니다). 180도로 예열한 오븐에서 10분, 온도를 170도로 낮춰 5분 정도 더 구웠어요.

tip 바닐설탕이 없으면 동량의 설탕에 바닐라 오일 1g(2~3방울) 또는 바닐라빈 가루 약간을 넣어 주세요.

체리 컵케이크

예쁘게 장식한 컵케이크에 대한 로망은 베이킹을 좋아하는 사람 누구나 있을 겁니다.
제가 그랬거든요. 보기와는 달리 그리 어렵지 않은 베이킹 중 하나가 컵케이크예요. 아이들이 좋아하는 초콜릿 머핀을 구워 리코타 크림을 발라봤어요. 특별한 손재주 없이 장식용 체리 하나 올렸는데 디저트 카페의 멋들어진 컵케이크 부럽지 않게 근사하죠. 체리가 없다면 딸기나 블루베리를 올려도 괜찮아요.

재료 6개

반죽 중력분 130g, 설탕 80g, 우유 100ml, 포도씨유 20ml, 달걀 1개, 리코타 치즈(또는 크림 치즈) 60g, 카카오 가루 20g, 베이킹파우더 3g

장식 리코타 치즈(또는 크림 치즈) 200g, 화이트 초콜릿 100g, 체리 6개, 장식용 슈거 10g

1 먼저 반죽을 만듭니다. 볼에 리코타 치즈와 설탕을 넣어 잘 섞어 주세요.
2 달걀도 넣고 잘 풀어놓은 후 우유와 포도씨유도 넣고 잘 섞어 줍니다.
3 밀가루와 베이킹파우더, 카카오 가루를 체에 치면서 2의 볼에 넣어 가루가 없어질 정도로 섞어 줍니다.
4 머핀 틀에 반죽을 80% 정도 채운 후 180도로 예열한 오븐에서 20분 정도 구워 줍니다.

5 이제 장식 크림을 만들 차례예요. 중탕해서 녹인 화이크 초콜릿과 리코타 치즈를 잘 섞어 크림 상태로 만들어 놓습니다.
6 오븐에서 구워 나온 머핀을 충분히 식힌 후, 5의 크림을 짤주머니에 넣어 머핀 위에 장식하고 취향에 따라 체리 등 과일을 올려 완성하면 됩니다. 슈라는 장식용 슈거도 살짝 뿌려 멋을 내봤어요.

오색 쌀쿠키

냉동 쿠키의 장점은 여유가 있는 날 반죽을 만들어 놓고 필요할 때 썰어 구울 수 있다는 점이에요. 쿠키를 선물하고 싶다면 한 가지보다는 알록달록 여러 가지 색으로 만들면 더 근사하겠죠. 인공색소를 사용하면 더 선명한 색이 나겠지만, 슈라는 천연색소를 이용해 만들어 봤어요. 색은 은은하지만 재료의 향이 그대로 담겨 있죠.

재료 종류 별로 30개씩

바닐라 맛 쌀가루 125g, 달걀노른자 1개분, 버터 60g, 바닐설탕 50g

초콜릿 맛 쌀가루 110g, 카카오 가루 15g, 달걀노른자 1개분, 버터 60g, 바닐설탕 50g

단호박 맛 쌀가루 120g, 단호박 가루10g, 달걀노른자 1개분, 버터 60g, 바닐설탕 50g

녹차 맛 쌀가루 120g, 녹차 가루 10g, 달걀노른자 1개분, 버터 50g, 바닐설탕 50g

딸기 맛 쌀가루 120g, 딸기 가루30g, 달걀노른자 1개분, 버터 50g, 바닐설탕 50g

1 실온 보관한 말랑한 버터와 설탕, 달걀노른자를 잘 섞어 줍니다.

2 잘 섞어놓은 1의 볼에 분량의 색 가루(카카오 · 단호박 · 녹차 · 딸기 가루)를 넣어 섞어 줍니다.

3 쌀가루도 넣어 반죽을 뭉쳐 줍니다.

4 반죽을 랩으로 싸서 길쭉한 모양을 만들어 냉동실에 넣어 둡니다. 바로 구우려면 냉동 보관 3~4시간 후 잘라 오븐에 구우면 돼요. 하루 이상 냉동 보관한 경우 2시간 정도 상온에 꺼내 두었다가 반죽을 잘라요.

5 반죽을 잘라 유산지를 깐 오븐 팬에 놓습니다. 반죽이 너무 녹아 질척해서 자르기 힘들면 칼에 물을 살짝 발라가며 잘라 주세요. 그래도 힘들면 냉동고에 30분 정도 보관한 후 잘라 주세요.

6 180도로 예열한 오븐에서 12분 정도 구워요. 한꺼번에 많은 양을 구울 때 시간이 더 걸릴 수 있으니 오븐을 잘 살펴가며 구워 줍니다.

tip 만드는 방법은 다섯 가지 쿠키 모두 같아요. 바닐설탕이 없으면 동량의 설탕에 바닐라 오일 1g(2~3방울) 또는 바닐라빈 가루 약간을 넣어 주세요.

# 견과류 쿠키

견과류가 오도독 씹히는 쿠키, 다들 좋아하시죠?
저는 차 한 잔과 함께 달달하게, 아이들은 우유와 함
께 고소하게 영양 만점 간식으로 즐기곤 합니다. "또
해주세요!"를 외치게 만드는 인기 만점 쿠키로, 맛도
좋고 영양도 좋아 선물하기에 적당하죠.

재료 40개

오트밀 125g, 통밀가루 60g, 달걀 1개, 설탕 75g(흑설탕 50g+백설탕 25g), 포도씨유 5큰술,
베이킹파우더 2g, 견과류(호두, 아몬드, 잣, 헤이즐넛 등) 70g, 소금 1g

1 모든 재료를 믹서에 넣고 1분 정도 돌려 주
세요.
2 반죽을 뭉쳐 랩을 씌운 후 밀대로 넓게 밀
어 주세요.
3 평평해진 반죽을 쿠키 틀로 찍어도 좋고,

반죽을 조금씩 떼 내어 완자처럼 동그랗게
뭉쳐 유산지를 깔아놓은 오븐 팬에 놓고 손
바닥이나 컵 바닥으로 눌러줘도 좋아요.
180도로 예열한 오븐에서 10~13분 정도 구
워 줍니다.

# 옥수수 쿠키

이탈리아 북부에서는 옥수수 가루가 들어간 요리나 베이킹을 많이 해요.
슈라도 옥수수 가루 특유의 고소하게 씹히는 맛이 좋아 옥수수 쿠키를 자주 굽는답니다. 부담 없이 즐길 수 있는 쿠키로 추천합니다. 하트 모양으로 예쁘게 찍어내니 선물하기에도 그만이죠.

재료 35~40개

옥수수 가루 100g, 밀가루 100g, 설탕 75g, 포도씨유 35g, 달걀 1개, 소금 1g, 베이킹소다 약간(1g), 레몬 껍질 1/2개분

1 레몬은 노란 겉껍질만 잘게 갈아 넣고 나머지 재료들도 모두 다 넣고 뭉쳐질 때까지 반죽을 합니다.

2 작업판 위에 유산지를 깔고 반죽을 올려 그 위에 랩을 넉넉하게 펴 놓은 후 밀대로 밀어 줍니다. 이렇게 하면 반죽이 작업판이나 밀대에 붙지 않죠.

3 쿠키 틀로 찍어 모양을 만들었어요. 슈라는 하트 모양 틀로 찍어 유산지를 깐 오븐 팬에 올렸어요. 170도로 예열한 오븐에 15분 정도 익히면 완성입니다.

와인 쿠키

와인이 들어간 쿠키라고 해서 선입견을 갖지 마세요.

알코올은 다 빠져 나가고 와인의 진한 향만이 남아 있는 멋진 쿠키입니다. 꼭 추천하고 싶은 이탈리안 쿠키예요. 버리기 애매한 양의 와인이 남았을 때 고기 요리에 넣어도 좋지만, 저는 와인 쿠키를 만들어 보시라 권하고 싶어요. 스승의날이나 어버이날 그리고 크리스마스 등등 어른들을 위해 선물하면 좋은 쿠키를 소개합니다.

재료 70~80개

중력분 250g, 올리브유 60ml, 설탕 75g, 레드와인(또는 화이트와인) 65ml, 소금 약간,
베이킹파우더 3g, 덧가루용 슈거파우더

1 덧가루를 제외한 재료를 전부 넣고 가루가 보이지 않을 때까지 반죽해요.
2 반죽을 둥글게 뭉쳐 놓습니다.
3 작업판에 반죽을 올려놓고 조금씩 떼어내어 손바닥에 살짝 힘을 줘 가면서 반죽을 길게 밀어 줍니다.
4 길게 늘려 놓은 반죽 두 가닥을 꼬아 주세요. 빨래를 짤 때처럼 양쪽 끝 부분을 잡고 서로 반대 방향으로 비틀면서 꼬아주면 반죽이 잘 풀리지 않아요. 이렇게 꼬인 반죽을 다시 동그랗게 링처럼 만들어 주세요.
5 오븐 팬에 유산지를 깔고 반죽을 올려준 후, 슈거파우더를 뿌립니다. 슈거파우더 대신 일반 설탕을 이용해도 좋은데, 설탕 위에 쿠키 반죽을 앞뒤로 굴려 묻히면 됩니다. 180도로 예열한 오븐에 18~20분 정도 구워 줍니다.

tip 와인은 달지 않은 12~13도 정도의 와인이 좋아요.

당근 머핀

당근과 아몬드가 만나 영양 만점인 당근 머핀으로 건강한 선물을 해보세요.
아이들이 채소 별로 안 좋아하잖아요. 당근을 싫어하는 아이들에게 당근의 '당' 자도
꺼내지 마시고 일단 먹여보세요. 선입견 없이 일단 먹어본 아이들은 또 다른 당근의 세
계를 알게 될 것입니다. 우리 집 아이들이 좋아하니, 아이 있는 어느 집이라도 선물하면
참 좋아할 거라 확신해 봅니다.

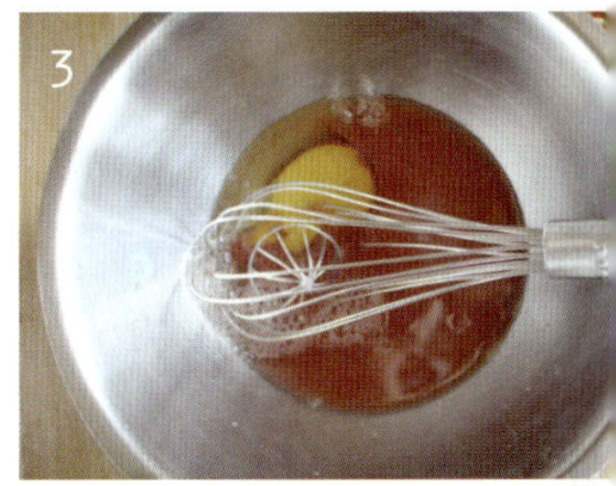

재료 10개

중력분 200g, 바닐설탕 150g, 베이킹파우더 7g, 당근 100g, 아몬드 80g, 달걀 1개,
포도씨유 30g, 오렌지주스(무가당) 140g

1 당근은 잘 씻어 껍질을 벗겨 큼직하게 썰어
둡니다.
2 믹서에 아몬드와 포도씨유, 설탕을 함께
넣고 1분 정도 갈아준 후 당근을 넣고 다시
갈아 줍니다.
3 볼에 달걀과 오렌지주스를 넣고 잘 섞어 줍
니다.
4 3의 볼에 2의 믹서에 갈아 놓았던 것을 넣
고 섞어 줍니다.

5 4의 볼에 밀가루와 베이킹파우더를 체에
쳐 넣어 반죽을 섞어 줍니다. 가루가 보이지
않을 정도면 됩니다.
6 머핀 틀에 머핀 종이를 넣고 반죽을 80%
정도만 채워 180도로 예열한 오븐에서 20분
정도 구워 줍니다.

tip 바닐설탕이 없으면 동량의
설탕에 바닐라 오일 1g(2~3방
울) 또는 바닐라빈 가루 약간을
넣어 주세요.

초코우유 머핀

저에겐 바나나우유에 대한 아련한 추억이 있다면 우리 아이들에겐 '초코우유'에 대한 진한 추억이 있어요. 이탈리아에서는 초콜릿맛 우유가 흔하지 않기도 하고 있어도 잘 사 먹이지 않는데, 한국에 가면 할아버지의 권위로 엄마 눈치 안 보고 마음 편히 먹을 수 있거든요. '한국우유'로 기억하는 이 귀한 초콜릿 우유를 아낌없이 넣어 만든 머핀을 소개합니다. 오트밀과 쌀가루를 넣어 그 식감이 가볍고 달콤해 아이들 선물용으로 권하고 싶은 머핀입니다.

재료 10개

쌀가루 50g+오트밀 가루 150g(또는 박력분 200g), 아몬드 가루 50g, 달걀 1개, 바닐설탕 130g, 버터 50g, 초콜릿 우유 200ml, 베이킹파우더 8g

1 상온 보관한 버터와 설탕을 볼에 넣고 섞은 후 달걀도 넣어 잘 풀어 줍니다.

2 초콜릿 우유도 넣고 잘 섞어 줍니다.

3 쌀가루와 오트밀 가루, 아몬드 가루, 베이킹파우더를 넣고 가루가 보이지 않을 정도로만 섞어 줍니다.

4 머핀 틀에 90% 정도만 반죽을 채워 놓고 180도로 예열한 오븐에서 20~25분 정도 구워 줍니다.

tip 바닐설탕이 없으면 동량의 설탕에 바닐라 오일 1g(2~3방울) 또는 바닐라빈 가루 약간을 넣어주세요.

아몬드 케이크

리코타 치즈와 아몬드를 넣어 만든 부드럽고 촉촉한 케이크예요.

부드러운 식감도 좋지만 아몬드의 고소함이 입안 가득 남아서 자꾸만 손이 가죠. 아이는 물론 어른용 간식으로도 손색없는 맛있는 케이크입니다. 종이상자에 담아 리본으로 예쁘게 묶어 선물하면 다들 좋아하죠.

재료 지름 21cm 1개

리코타 치즈 125g, 달걀 2개, 바닐설탕 85g, 아몬드 가루 125g, 레몬 껍질 1/2개분,
장식용 아몬드 슬라이스 약간, 소금 약간

1 두 개의 볼에 달걀흰자와 노른자를 나눠 넣고, 노른자에는 설탕 35g, 흰자에는 50g을 넣어 거품기로 저어가며 거품을 내 줍니다. 노른자 거품은 크림 상태로, 흰자 거품은 단단한 머랭 상태가 되도록 거품을 내 주세요.

2 노른자가 있는 볼에 리코타 치즈를 넣고 잘 섞어 줍니다.

3 2의 볼에 아몬드 가루를 넣어 섞고 흰자 거품도 넣어 섞어 줍니다.

4 레몬 껍질을 곱게 갈아 반죽에 넣고 섞어 줍니다.

5 케이크 틀에 식용유를 바른 후 아몬드 가루를 약간 뿌려 케이크가 분리될 때 깔끔하게 떨어지도록 합니다.

6 반죽을 틀에 부어주고 장식용 아몬드 슬라이스를 뿌려 줍니다. 180도로 예열한 오븐에서 30분 정도 구워 줍니다.

블랙&화이트 머핀

선택하는 즐거움이 있는 두 가지색 머핀!

짜장과 짬뽕! 메뉴 선택의 기로에 선 어른처럼, 블랙과 화이트 중 먼저 맛볼 머핀을 선
택해야 하는, 골라먹는 재미를 더한 머핀입니다. 저는 늘 이렇게 두 가지 정도를 구워
선물하는데 두 가지 모두를 맛볼 수 있도록 넉넉하게 만들어 보낸답니다. 그러니 결국
즐거운 선택이 되겠죠.

블랙 머핀

재료 9개

박력분 200g, 흑설탕 90g, 다크 초콜릿 100g, 생크림 150g, 달걀 1개, 베이킹파우더 5g

1 초콜릿을 중탕하여 녹여 줄 거예요. 냄비
에 물을 넣고 끓으면 초콜릿 넣은 볼을 그 위
에 올려 녹여주면 돼요.
2 중탕하여 녹인 초콜릿에 달걀과 흑설탕을
섞어 줍니다.
3 박력분과 베이킹파우더를 체에 쳐 볼에 넣
고 반죽을 잘 섞어 줍니다.
4 머핀 틀에 반죽을 넣고 180도로 예열한 오
븐에서 20분 정도 구워 줍니다.

화이트 머핀
재료 9개

박력분 200g, 설탕 70g, 화이트 초콜릿 100g, 달걀 1개, 플레인 요거트 85g, 우유 100g,
베이킹파우더 5g

1 초콜릿을 볼에 넣고 중탕하여 녹여 줍니다.
2 녹인 초콜릿에 설탕을 넣고 풀어준 후 플레인 요거트, 우유, 달걀을 넣고 잘 섞어 줍니다.
3 박력분과 베이킹파우더를 체에 쳐 2의 볼에 넣어 섞어 줍니다. 가루가 보이지 않을 정도로 적당히 섞어 주면 됩니다.
4 머핀 틀에 반죽을 넣고 180도로 예열한 오븐에서 20분 정도 구워 줍니다.

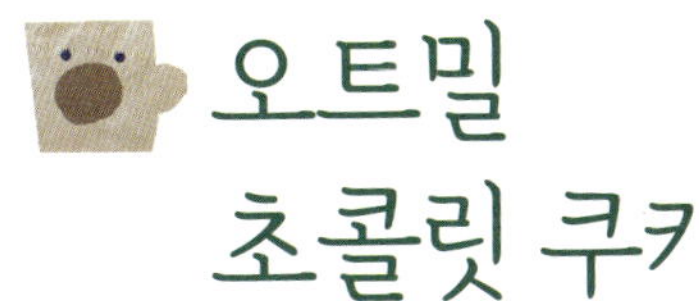# 오트밀
초콜릿 쿠키

일반 초콜릿 쿠키와는 비교할 수 없는 가벼움과 신
선함이 담겨 있어요.
오트밀 가루와 생크림을 섞어 부드러움을 한층 더했
답니다. 아이들 전용 쿠키라 해도 좋을 만큼 아이들
입맛을 사로잡을 거예요.

재료 35~40개

오트밀 가루 200g, 바닐설탕 75g, 달걀 1개, 생크림 50g, 초콜릿 칩 60g, 베이킹소다 1g,
소금 약간

1 볼에 달걀-바닐설탕-생크림-오트밀 가
루-베이킹소다-소금 순으로 넣어 잘 섞어가
며 반죽을 만듭니다.
2 만든 반죽을 랩이나 비닐로 잘 싸서 냉장고
에 2시간 정도 둡니다.

3 반죽을 꺼낸 후 오븐 팬에 유산지를 깔고
손에 물을 묻혀가며 반죽을 동그랗고 작은
크기로 만들어 올려 놓습니다. 180도로 예열
한 오븐에 15~17분 정도 구워 줍니다.

tip 바닐설탕이 없으면 동량의
설탕에 바닐라 오일 1g(2~3방
울) 또는 바닐라빈 가루 약간을
넣어 주세요.

오트밀 진저 쿠키

생강 향이 그윽한 어른 선물용 쿠키예요.

먹어보면 한과 같다는 생각도 드는데 차 한 잔과 참 잘 어울린답니다. 생강 가루 대신 호박 가루, 딸기 가루를 이용하면 아이용 쿠키로 변신이 가능해요. 다양한 맛으로 만들고 싶을 때 응용 가능한 건강 쿠키입니다.

재료 40~45개

버터 60g, 달걀 1개, 오트밀 가루 190g, 베이킹소다 1g, 생강 가루 3g, 설탕 70g,
덧가루용 설탕 약간

1 믹서에 덧가루용 설탕을 제외한 모든 재료를 넣고 1분 정도 갈아 줍니다. 상온 보관한 말랑한 버터를 사용한다면 그냥 볼에 재료를 넣고 섞어도 돼요.
2 반죽을 믹서에서 꺼낸 후 작업판 위에 올려 작은 볼로 만들어 줍니다.
3 동그랗게 만들어 놓은 반죽에 덧가루용 설탕을 골고루 묻힙니다.

4 설탕 묻힌 반죽을 오븐 팬에 올려 놓고 엄지손가락으로 꾹 눌러 줍니다.
5 180도로 예열한 오븐에서 11~13분 정도 구워 줍니다. 충분히 식은 후에 맛을 봐야 제맛이 납니다.

흑임자 머핀

흑임자와 두유의 고소함을 담아본 머핀입니다.

비타민E가 풍부해 대장에 좋다는 흑임자의 영양을 그대로 느낄 수 있는 머핀이기도 하죠. 심플한 재료의 조합이지만, 고급스러운 맛이라 어른 선물용 머핀으로 추천하고 싶어요! 오븐에서 꺼내는 순간, 그 고소함에 끌려 놀라실 겁니다.

재료 12개

흑임자 50g, 포도씨유 80g, 바닐설탕 150g, 중력분 200g, 두유 250ml, 소금 1g, 베이킹파우더 8g

1 마른 팬에 흑임자를 볶은 후, 믹서에 넣고 포도씨유와 함께 1분 정도 갈아 줍니다.

2 바닐설탕, 두유, 소금도 믹서에 넣고 흑임자와 함께 갈아 주세요.

3 밀가루와 베이킹파우더는 체에 쳐준 후, 믹서에 갈아 놓은 재료와 잘 섞어 주세요. 가루가 보이지 않을 정도로 말이죠.

4 머핀 틀에 2/3 정도를 담아 180도로 예열한 오븐에 20분 정도 구워 줍니다.

tip 바닐설탕이 없으면 동량의 설탕에 바닐라 오일 1g(2~3방울) 또는 바닐라빈 가루 약간을 넣어 주세요.

특별한 날을 위한
엄마표 케이크

아이를 키우다 보면 함께 축하하고 싶은 날들이 1년에 몇 번은 꼭 있죠. 아이 생일은 물론이고 가족들 생일, 어린이날, 입학과 졸업, 크리스마스 등. 늘 제과점에서 파는 똑같은 케이크를 사와서 축하했다면 앞으로는 조금 솜씨를 부려 엄마표 케이크를 만들어 보세요. 엄마가 직접 만들었다는 사실에 아이도, 엄마도 어깨가 으쓱으쓱해질 거예요. 최대한 쉽게 만들도록, 그러나 맛은 최고로 맛있도록 슈라가 엄선, 또 엄선했답니다.

 # 오레오 케이크

아이스크림 케이크 같은 시원하고 부드러운 느낌, 크림 속에서 씹히는 또 다른 달달함에 아이도 어른도 다 좋아하는 케이크예요. 굽는 과정도 없고 시간을 나눠 만들 수 있는 케이크라 바쁜 엄마들에게도 강추! 전날 밤 또는 전 주 시간 날 때 만들어 냉동실에 넣어 놓고, 필요한 날 2시간 전에 꺼내 놓으면 짜잔~ 완성되는 무스 케이크죠!

재료 지름 21cm 원형 케이크

케이크 시트 오레오 쿠키 16개(175g), 버터 50g

치즈 크림 생크림 250ml, 리코타 치즈 250g, 설탕 50g, 판 젤라틴 2~2.5g

장식 오레오 쿠키 6~7개, 리코타 치즈 약간, 주사기(생략 가능)

1 오레오 쿠키(장식용은 제외)의 크림과 쿠키를 분리하여 줍니다. 크림도 버리지 마세요.

2 액체 상태로 녹인 버터와 분리한 쿠키를 비닐 백에 함께 넣고 잘게 부숴 주세요. 이것을 케이크 틀에 꾹꾹 눌러 담아 케이크 시트를 만듭니다.

3 판 젤라틴은 찬물에 15분 정도 담가 불린 후 젤라틴만 볼에 담아 중탕하여 녹이세요.

4 생크림과 설탕을 볼에 담고 전동거품기로 거품을 내 주세요. 거품이 흘러내리지 않을 정도로 단단해지면 리코타 치즈를 넣고 오레오 쿠키에서 분리해 두었던 크림도 넣어, 1분 정도 더 섞어 줍니다. 녹여서 식힌 판 젤라틴도 섞어 30초 정도 더 저어 주세요.

5 2의 케이크 시트 위에 4의 크림을 넣어 윗면을 평평하게 다듬어 주세요. 냉동실에서 3~4시간, 또는 냉장실에서 7시간 이상 굳힌 후, 틀에서 빼냅니다. 냉동 보관을 오래 했을 경우, 틀을 분리할 때 뜨거운 행주로 틀 부분을 살짝 눌러 주면 깔끔하고 예쁘게 분리됩니다.

6 이제 장식을 할 차례죠. 바늘을 제거한 새 주사기에 리코타 치즈를 넣고 오레오 쿠키 위에 장식을 합니다. 알 초콜릿을 올려 주어도 좋아요. 장식한 쿠키를 케이크 위에 마음 가는 대로 올려서 완성합니다.

tip 주사기는 약국에서 구했어요. 슈라처럼 장식하는 게 번거롭다면 오레오 쿠키만으로도 장식이 가능해요. 쿠키를 잘게 잘라 케이크의 반쪽에만 얹어 주어도 멋스럽죠.

🎂 무지개 생크림 케이크

과일을 색깔별로 넉넉히 올렸을 뿐인데 화려하고 근사한 생일 케이크가 되었어요.
시판 케이크에서 구색 맞추기로 장식되어 있는 적은 양의 과일에 비교할 수 있나요. 넉
넉히 올린 과일은 생크림과도, 케이크와도 잘 어울려 마지막까지 맛있게 먹을 수 있죠.

재료 18×18cm 사각 케이크

케이크 시트 달걀(작은 크기) 5개, 밀가루 140g, 설탕 100g, 바닐라 에센스 2~3방울, 소금 약간,
식용유 50g

장식 생크림 250g, 설탕 1큰술, 과일(딸기, 복숭아, 포도, 블루베리 등) 적당량

1 먼저 케이크 시트를 만듭니다. 두 개의 볼
에 달걀흰자와 달걀노른자를 따로 나눠 넣고
설탕 50g씩을 넣어 각각 거품을 냈어요.

2 달걀노른자가 크림 상태로 걸쭉해지기 시
작하면 식용유를 넣어요. 그러면 살짝 마요
네즈 같은 느낌이 나죠. 이때 소금도 넣어요.

3 체에 쳐 놓은 밀가루를 2의 노른자 볼에 조
금씩 넣어가며 섞어 줍니다.

4 단단하게 거품을 낸 흰자도 3의 볼에 넣고
잘 섞어 줍니다.

5 반죽을 케이크 틀에 넣고, 180도로 예열한
오븐에 30~40분 정도 구워 줍니다(중간에
오븐을 열면 안 됩니다. 베이킹파우더 없이

달걀 거품으로만 만든 케이크는 중간에 오븐
을 열면 케이크가 주저앉게 돼요). 케이크를
오븐에서 꺼내 틀에서 분리해 식힘망에 뒤집
어 놓고 식힙니다.

6 물기 없는 마른 볼에 생크림과 설탕 1큰술
을 넣고 단단하게 거품을 냅니다. 5의 케이
크가 식으면 가로로 반을 잘라 18×18cm 두
장으로 만듭니다. 아래쪽 케이크 시트 위에
생크림을 바르고 딸기를 올린 후 나머지 케
이크 시트로 덮어 생크림을 발라 마무리합니
다. 그 위에 과일을 올려 엄마 마음대로 장식
하면 됩니다.

tip 실온에서 3~4시간 이상 보
관한 달걀을 사용합니다. 식용
유는 포도씨유나 카놀라유, 올
리브유 등 향이 적은 기름 아무
종류나 괜찮아요. 장식용 과일
은 물기가 없도록 키친타월로
닦아 사용하세요.

딸기 케이크

케이크 중 제일은 딸기 케이크라 생각하는 따님들.

우리 집 따님들 때문에 생일날이면 별 고민 없이 만들게 되는 것이 딸기 케이크죠. 케이크 시트에 생크림, 그리고 딸기가 전부인 단순한 케이크인데, 손꼽아 생일날을 기다리게 할 만큼 매력 있답니다. 딸기 케이크는 강렬한 빨간색이 멋있기도 하고 크리스마스 장식과도 잘 어울려서 크리스마스에 분위기 내기 좋은 케이크로도 추천할 만하죠.

재료 지름 20~22cm 원형 케이크 또는 40×20cm 사각 케이크
달걀 7개, 중력분 160g, 설탕 160g, 포도씨유 50g, 딸기 20~25개
장식 생크림 500g, 설탕 80g

1 달걀흰자와 달걀노른자를 2개의 볼에 따로 나눠 넣고 설탕 80g씩을 각각 넣어 거품을 내 줍니다.
2 노른자 거품이 걸쭉한 상태가 되면 포도씨유를 넣어 줍니다.
3 밀가루를 체에 쳐 2의 볼에 넣고 섞어 줍니다.
4 3의 볼에 단단하게 거품 낸 흰자 거품을 넣고 잘 섞어 줍니다.

5 케이크 틀에 식용유를 바르고 밀가루를 뿌린 후 반죽을 넣고, 180도로 예열한 오븐에서 15분, 온도를 170도로 낮춰 25분 정도 구웠습니다.
6 구운 케이크는 틀에서 분리해 뒤집어 식혀 놓습니다. 식는 동안 장식용 크림을 만들어요. 생크림과 설탕을 볼에 넣고 단단하게 거품을 내세요.

7 충분히 식은 케이크를 1.5~2cm 높이로 가로로 자릅니다. 케이크 시트에 단단하게 거품 낸 생크림을 바르고 편으로 자른 딸기를 올려 놓습니다. 완성 케이크 위에 장식할 딸기 7~8개 정도는 자르지 말고 남겨 놓으세요.

8 7의 위에 케이크 시트를 덮고 겉면에 생크림을 발라 마무리합니다. 딸기 장식은 취향에 따라 하세요. 냉장고에 보관한 후 하루 지나 먹으면 더욱 맛있습니다.

우유 케이크

우리 집 아이들 입맛에 맞춰 만든 심플한 케이크로, 이름 그대로 우유 맛이 나는 케이크예요. 아이들이 아주 어렸을 때는 크림 장식이 많아 느끼할 수 있는 케이크는 싫어하더라고요. 그래서 대신 제가 자주 만들어 줬던 게 깔끔한 우유 맛의 케이크로, 고소한 우유 맛이 듬뿍 느껴져 매력적입니다.

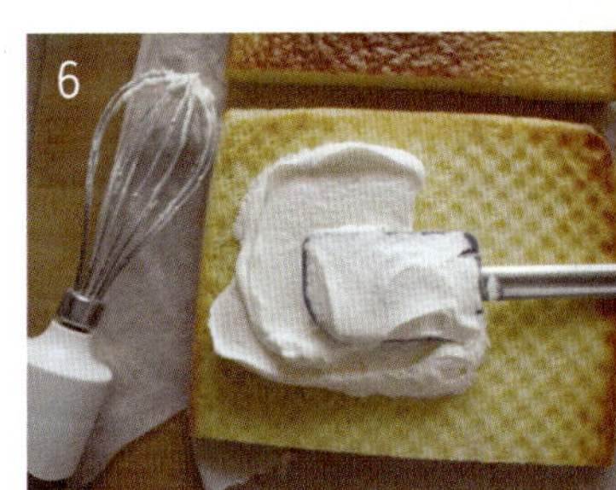

재료

달걀 3개, 설탕 120g, 중력분 150g, 아몬드 가루 30g, 우유 100g, 포도씨유 50g

연유 크림 생크림 200g, 연유 70g

1 볼에 달걀과 설탕을 넣고 3분 이상 저어가며 거품을 냅니다.

2 거품이 올라온 볼에 포도씨유와 우유를 넣고 저어 줍니다.

3 2의 볼에 밀가루를 체에 쳐 넣고 아몬드 가루는 그대로 넣어 섞어 줍니다.

4 유산지를 깔아놓은 오븐 팬에 반죽을 넣고 200도로 예열한 오븐에 15분 정도 구워 줍니다.

5 연유 크림을 만듭니다. 물기가 없고 깊은 통에 생크림과 연유를 한꺼번에 넣고 전동 거품기로 저어가며 크림 상태로 만듭니다.

6 다 구운 케이크를 가로로 반을 잘라 한쪽 면에 5의 크림을 바르고 나머지 케이크 시트를 덮어 줍니다. 슈거파우더를 살짝 뿌려 마무리했는데 생략해도 괜찮아요.

당근 케이크

요즘 베이커리에서 곧잘 볼 수 있는 당근 케이크예요.

채소 싫어하는 아이들에게도 당근 갈아 넣은 당근 케이크는 의외로 인기가 좋다는 사실! 밀가루, 버터, 오일 없이 만들지만 신기하게도 맛이 좋죠. 씹는 맛도 있고요. 100점 만점을 받아도 될 만큼 참신하고 맛있는 케이크입니다.

재료 지름 18~20cm 원형 케이크

아몬드(또는 아몬드 가루) 150g, 당근 150g, 달걀 3개, 바닐설탕 150g, 베이킹파우더 4~5g, 옥수수 전분 50g, 슈거파우더 약간

1 믹서에 아몬드와 당근을 넣고 1분 정도 갈아 줍니다.

2 1의 믹서에 설탕 100g을 넣고 다시 30초 정도 돌린 후, 달걀노른자만 넣어 1분 정도 갈아 줍니다.

3 달걀흰자만 볼에 담아 설탕 50g을 넣고 거품을 단단히 내준 후 2의 믹서 속 내용물을 3~4번에 나눠 넣으며 흰자 거품과 섞어 줍니다.

4 옥수수 전분과 베이킹파우더를 3에 넣어 잘 섞어 줍니다.

5 케이크 틀에 버터나 식용유를 바르고 아몬드 가루를 묻혀 나중에 케이크가 쉽게 분리되도록 한 후, 4의 반죽을 부어 줍니다.

6 180도로 예열한 오븐에서 40~50분 정도 구운 후 꺼내 케이크를 틀에서 바로 분리하여 식힘망에 뒤집어 놓고 식혀 둡니다. 윗면에 슈거파우더를 골고루 뿌려 장식합니다. 취향에 따라 생크림을 추가로 올려도 돼요.

tip 바닐설탕이 없으면 동량의 설탕에 바닐라 오일 1g(2~3방울) 또는 바닐라빈 가루 약간을 넣어 주세요.

화이트 초콜릿 케이크

막상 아이들 생일날이 되면 준비해 놓은 것도 없는데 마음만 분주해지더라고요. 그런 날 1시간만 투자하면 만들 수 있는 쉬운 케이크입니다. 맛은 두말하면 잔소리죠. 요거트 맛이 나는 부드러운 케이크에 초콜릿 장식으로 달콤함을 더했어요.

재료 지름 20cm 원형 케이크 또는 20×20cm 사각 케이크

플레인 요거트 125g, 중력분 165g, 감자 전분 40g, 달걀 2개, 버터 75g(또는 포도씨유 50g), 바닐설탕 75g, 베이킹파우더 5g, 소금 약간

장식 화이트 초콜릿 100g, 알 초콜릿 4~5큰술

1 볼에 액체 상태로 녹인 버터와 설탕을 잘 섞어 줍니다.

2 1의 볼에 달걀을 하나씩 넣어 섞어주고 요거트도 넣어 섞어준 후 소금도 넣어 줍니다.

3 2의 볼에 밀가루와 전분가루, 베이킹파우더까지 가루 종류를 체로 쳐 넣어 섞어 주세요. 뭉치는 부분 없이 가루가 보이지 않을 정도로 잘 섞어 줍니다.

4 케이크 틀에 유산지를 깔고 반죽을 부은 후, 180도로 예열한 오븐에 35~40분 정도 구웠어요.

5 다 구운 케이크는 틀에서 바로 분리해 주세요. 화이트 초콜릿을 중탕하여 녹인 후 충분히 식은 케이크 위에 바릅니다.

6 장식용 알 초콜릿을 뿌려 적당히 장식하면 됩니다. 충분히 식은 후 먹어야 제 맛이 납니다.

tip 바닐설탕이 없으면 동량의 설탕에 바닐라 오일 1g(2~3방울) 또는 바닐라빈 가루 약간을 넣어 주세요.

바닐라 시폰 케이크

가끔은 케이크의 크림이 부담스러운 날도 있죠.

그럴 땐 아이들에게 크림을 걷어내고 먹이게 되는데 아예 크림 없이 담백하게 케이크를
만들어 봤어요. 크림 장식이 없어도, 초 하나만 꽂아도, 작은 사랑의 메시지 하나만으
로 충분히 생일 케이크 역할을 하는 심플한 케이크입니다. 포근포근한 시폰 케이크는
아이들이 좋아하며 잘 먹죠.

재료 지름 15cm(1호 틀) 시폰 케이크

달걀 3개, 바닐설탕 80g, 바닐라빈 1개, 박력분 90g, 물 30g, 포도씨유 40g, 베이킹파우더 3g,
슈거파우더 약간

1 바닐라빈을 잘게 잘라 물 30g과 함께 넣고 2~3분 끓여 식힙니다. 슈라는 바닐설탕을 만들 때 넣어두었던 바닐라빈 껍질을 사용했어요.

2 달걀을 흰자와 노른자로 나눠 달걀흰자에 설탕 50g을 넣고, 노른자에는 설탕 30g을 넣어 각각 따로 거품기를 이용하여 거품을 냅니다.

3 노른자 거품이 연노랑색으로 바뀌며 걸쭉해지면 포도씨유를 넣고 1분 정도 더 섞어 줍니다.

4 박력분과 베이킹파우더를 체에 쳐 3의 볼에 넣습니다. 실리콘 주걱으로 가루가 보이지 않을 정도로 섞어 줍니다.

5 바닐라빈 끓인 물을 물만 따라서 4의 볼에 넣고 섞어 줍니다.

6 거품 낸 흰자를 한 수저씩 5의 반죽에 넣어 가며 섞어 줍니다. 4~5번에 나눠 넣었어요.

7 분무기에 깨끗한 물을 넣고 시폰 케이크 틀에 뿌려 주세요. 반죽이 틀에 붙어 케이크가 단단하게 완성되도록 해 줍니다.

8 케이크 틀에 반죽을 부은 후 나무젓가락을 반죽 속에 넣어 돌려가며 공기를 빼 줍니다.

9 180도로 예열한 오븐에서 15분, 170도로 낮춰 15~20분 정도 더 익혀 줍니다. 오븐에서 빼낸 케이크는 틀에서 빼내지 말고 그대로 뒤집어 식힙니다.

10 30~40분이 지나 뜨거운 기가 완전히 빠진 후 케이크 틀에서 분리합니다. 칼이나 실리콘 주걱을 이용하여 분리하는데, 모양이 손상되지 않도록 천천히 분리해 주세요.

11 케이크 위에 슈거파우더를 뿌려도 좋고, 색깔이 있는 초 또는 짧은 메시지를 적어 장식해도 좋습니다.

tip 바닐설탕이 없으면 동량의 설탕에 바닐라 오일 1g(2~3방울) 또는 바닐라빈 가루 약간을 넣어 주세요.

초콜릿 쌀 케이크

집에서 만드는 엄마표 케이크가 좋은 이유는 어떤 재료가 들어가는지 정확히 알고 먹일 수 있기 때문이죠. 유통기간을 늘릴 필요도 없고, 신선한 재료를 넉넉히 사용할 수 있어 영양 풍부하고, 아이가 싫어하는 것은 빼거나 좋아하는 것은 더 넣을 수도 있죠. 그리고 또 한 가지 좋은 것은 밀가루 대신 쌀가루로 만들 수 있다는 사실!

재료 지름 16cm 원형 케이크(또는 시폰 케이크 1호 틀)
쌀가루 130g, 카카오 가루 20g, 달걀 3개, 포도씨유 30g, 바닐설탕 60g, 소금 약간
장식 화이트 초콜릿 70g, 다크 초콜릿 약간(생략 가능)

1 달걀은 노른자와 흰자를 나눠 따로 분리해 설탕을 30g씩 넣고 거품을 내요. 흰자는 단단하게 거품을 내고 노른자는 설탕을 섞어주는 정도로만 저어 줍니다.

2 노른자 볼에 포도씨유를 넣어 줍니다.

3 노른자 볼에 쌀가루와 카카오 가루를 체에 쳐 넣어 살짝 섞은 후 흰자 거품 낸 것을 나눠가며 볼에 넣어 섞어 줍니다. 여기에 소금을 넣고 가루가 뭉치지 않도록 반죽을 잘 섞어 주셔야 합니다.

4 반죽을 케이크 틀에 넣고 180도로 예열한 오븐에서 35~40분 정도 구워 줍니다.

5 다 구워진 케이크는 틀에서 바로 분리해 뒤집어 식힙니다.

6 이제 장식을 할게요. 중탕해서 녹인 화이트 초콜릿을 케이크 윗면에 바르고 다크 초콜릿을 잘게 조각 내어 뿌려서 마무리합니다.

tip 바닐설탕이 없으면 동량의 설탕에 바닐라 오일 1g(2~3방울) 또는 바닐라빈 가루 약간을 넣어 주세요. 반죽을 붓기 전에 분무기에 깨끗한 물을 넣고 시폰 케이크 틀에 뿌려 주세요. 반죽이 틀에 붙어 케이크가 단단하게 완성되도록 해 줍니다.

오렌지 크림 케이크

오렌지 향이 입안에서 오래오래 머무는 깔끔한 케이크예요.
생크림의 느끼함을 오렌지 향이 잡아줘 상큼함을 자랑하는 오렌지 케이크입니다. 보기는
단순하지만 맛은 그 이상으로 화려해 가족들의 파티를 빛낼 만한 케이크죠! 아이도 어른
도 다 좋아하는, 생일 케이크로 추천하고픈 케이크입니다.

재료 지름 20~22cm 원형 케이크

케이크 시트 중력분 200g, 설탕 160g, 베이킹파우더 5g, 달걀 4개, 소금 약간, 오렌지 1개(오렌지즙 80g), 포도씨유 70g
오렌지 크림 오렌지즙+무가당 오렌지주스 300g, 오렌지 껍질 간 것 1개분, 달걀노른자 3개, 설탕 100g, 옥수수 전분 40g
장식 크림 생크림 250g+설탕 40g

1 먼저 케이크 시트를 만들 거예요. 볼에 분량의 달걀과 설탕을 넣고 거품기로 3분 정도 저어 거품을 낸 후 포도씨유를 넣고 1분 정도 더 섞어 줍니다.

2 잘 씻은 오렌지를 색깔 있는 겉껍질 부분만 곱게 갈고 오렌지즙도 내서 함께 1의 볼에 넣어 섞어 줍니다. 오렌지즙이 80g 정도 필요한데 만약 모자라면 무가당 오렌지주스로 분량을 채워 넣어도 돼요.

3 2의 볼에 밀가루와 베이킹파우더를 체에 쳐 넣어 섞어 줍니다. 소금도 약간 넣어 주세요. 가루가 보이지 않을 정도로 반죽을 잘 섞어 줍니다.

4 케이크 틀에 식용유를 바르고 밀가루를 뿌려 표면에 골고루 잘 묻힌 후 거꾸로 해서 여분의 밀가루를 털어냅니다.

5 케이크 틀에 반죽을 붓고 180도로 예열한 오븐에서 40분 정도 구워 줍니다. 40분이 지나 케이크에 나무젓가락을 찔러 넣어 반죽이 묻어 나오지 않으면 잘 익은 거예요. 케이크를 틀에서 분리하여 거꾸로 뒤집어 놓고 식힙니다.

6 이제 오렌지 크림을 만듭니다. 먼저 오렌지 1개를 잘 씻어 겉껍질을 잘게 갈고 즙을 냅니다. 오렌지즙 300g이 필요한데, 오렌지 1개에서 나오는 즙이 70~100g 정도이니 나머지 양은 무가당 오렌지주스로 채워 주세요.

7 작은 냄비에 오렌지즙, 달걀노른자, 설탕, 옥수수 전분을 넣어 줍니다. 냄비를 불에 올려 거품기로 저어가며 크림을 만들어 줍니다. 중간 불에서 4분, 크림 상태가 되면 약한 불에서 2분 정도 저어주고 불에서 내립니다.

8 7의 냄비에 갈아놓은 오렌지 껍질을 넣으면 오렌지 크림이 완성됩니다. 냄비 뚜껑을 덮어 식힙니다.

9 식혀 놓은 케이크를 가로로 반을 자른 다음 식힌 오렌지 크림을 넉넉히 바른 후, 다시 포개줍니다.

10 볼에 설탕과 생크림을 넣고 단단하게 거품을 내어 케이크 위에 골고루 바르며 마무리합니다.

보릿가루 초콜릿 케이크

보릿가루를 넣은 초콜릿 케이크!

그 맛이 쉽게 그려지지 않겠지만, 보리와 초콜릿은 의외로 잘 어울리는 재료 조합 중 하나예요. 일반 밀가루와 다른 보릿가루의 가벼운 식감에다 구수하고 달콤한 맛이 매력 있죠. 밀가루를 소화시키기 불편한 아이들에게 생일 케이크로 권하고 싶어요.

재료 지름 16cm 원형 케이크

보릿가루 125g, 베이킹파우더 7g, 카카오 가루 25g, 바닐설탕 80g, 우유 100g, 달걀 2개, 리코타 치즈 125g, 소금 약간, 오렌지잼(또는 사과잼 또는 포도잼) 50~60g

장식 크림 다크 초콜릿 100g, 리코타 치즈 200g

1 분량의 달걀과 설탕, 리코타 치즈를 볼에 넣어 섞어 줍니다. 우유를 넣고 잘 풀어준 후 소금도 조금 넣어 주세요.

2 보릿가루와 베이킹파우더, 카카오 가루를 체에 치면서 볼에 섞어 줍니다.

3 잘 섞은 반죽을 케이크 틀에 부어 줍니다. 180도로 예열한 오븐에서 45~50분 정도 구워요. 구운 케이크는 틀에서 바로 분리해 식힙니다.

4 케이크가 구워지는 동안 장식용 크림을 만

듭니다. 다크 초콜릿을 중탕하여 녹인 후 리코타 치즈를 섞어 줍니다. 상온에 잠시 둡니다.

5 식힌 케이크는 가로로 반을 잘라 줍니다. 자른 케이크 시트 한 면에 오렌지잼을 발라 줍니다. 그리고 남은 케이크 시트로 덮어 줍니다.

6 만들어 놓은 장식용 크림을 케이크 표면에 발라 완성합니다. 슈라는 잘게 자른 다크 초콜릿도 뿌려 봤어요.

tip 케이크 틀에 식용유나 버터를 바르고 밀가루를 뿌린 후 반죽을 부어 주세요.

미모사 케이크

부슬부슬한 케이크 장식이 미모사 꽃을 닮았다고 해서 미모사 케이크라 불려요. 커스터드 크림을 만들어야 하는 등 처음 만든다면 다소 번거로움이 있는 케이크지만, 만들고 난 후 그 맛을 보면 우리 집 단골 케이크로 정해 놓고 주말마다 구워 먹고 싶을 만큼 맛이 좋아요. 가족 모두 좋아하는 케이크입니다.

재료 지름 20cm 원형 케이크

제누와즈 달걀 6개, 바닐설탕 180g, 중력분 180g, 버터 60g

커스터드 크림 우유 250g, 달걀노른자 3개, 바닐설탕 75g, 중력분 25g

생크림 생크림 250g, 설탕 50g

1 제누와즈를 만들어 봅니다. 스펀지 케이크라고도 하지요. 달걀을 2개의 볼에 흰자와 노른자로 나눠 바닐설탕 90g씩을 넣고 따로 거품을 냅니다. 흰자는 단단한 거품으로, 노른자는 걸쭉한 상태로 만들어 주세요.

2 노른자 볼에 액체 상태로 녹인 버터를 넣고 잘 섞어 줍니다.

3 2의 볼에 체에 쳐 놓은 밀가루를 한 숟갈씩 떠 넣어 섞어 줍니다. 흰자 거품도 같이 섞어 줄 거예요. 밀가루-흰자 거품-밀가루 순으로 한 숟갈씩 번갈아 넣어가며 천천히 저어서 섞어 주세요.

4 케이크 틀에 버터를 바르고 밀가루를 뿌리고 거꾸로 해서 여분의 밀가루를 털어준 후 3의 반죽을 부어 줍니다.

5 180도로 예열한 오븐에서 30분, 온도를 170도로 낮춰 20분 정도 구워 줍니다. 오븐에서 꺼내 케이크를 분리해 바로 뒤집어 놓아 줍니다.

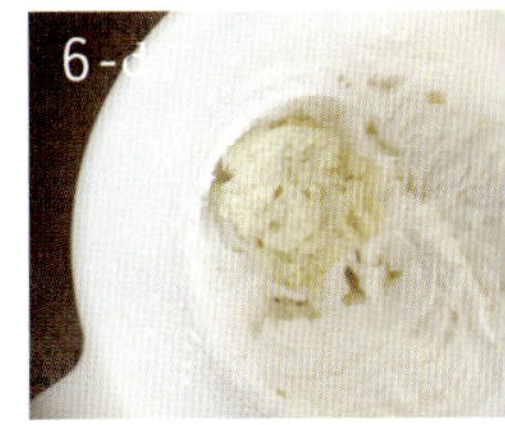

6 크림 만들기

a 커스터드 크림을 만들 거예요. 냄비에 우유와 달걀노른자, 바닐설탕 그리고 밀가루를 넣고 거품기로 잘 섞어 줍니다.

b 냄비를 중간불에 올려 끓으면 약한 불로 줄여 저어 주세요. 크림 상태가 되면 불에서 내려 잠시 저은 후 냄비 뚜껑을 덮고 식도록 둡니다.

c 냉장고에 차게 보관한 분량의 생크림에 설탕을 넣고 전동거품기로 저어 크림 상태를 만듭니다(용기에 물기가 있으면 실패하기 쉽고, 너무 오래 거품을 내면 기름과 분리가 되어 버터가 생기니 주의하세요).

d 식힌 커스터드 크림과 거품 낸 생크림을 잘 섞어 크림을 완성합니다.

7 케이크를 가로로 3장으로 나눠 줍니다. 저는 1.5cm 두께의 책을 이용해 잘라 줬어요.
8 두 장은 케이크 몸체로 쓰고 한 장은 잘게 잘라 체에 갈아 케이크 겉면을 장식할 거예요.

9 제누와즈 케이크 시트 한 장을 깔고 크림을 바르고 그 위에 제누와즈 시트를 덮고 크림을 바릅니다. 겉면에도 크림을 바르고 잘게 부수어 놓은 제누와즈 가루로 장식합니다.

tip 바닐설탕이 없으면 동량의 설탕에 바닐라 오일 1g(2~3방울) 또는 바닐라빈 가루 약간을 넣어 주세요.

🎂 오렌지 타르트

플레인 요거트의 상큼함과 오렌지 향이 좋아서 후식용으로 자주 만드는 타르트입니다.
가벼운 맛의 크림이 부드러움을 전하고 오렌지 향의 깔끔함이 입안에 여운으로 남아
기분 좋게 식사를 마무리하게 하죠. 무스 케이크 같은 질감이지만 젤라틴 없이 만들 수
있어 훨씬 쉬워요.

재료 지름 18cm 원형 타르트

타르트 반죽 중력분 200g, 버터 90g, 설탕 90g, 달걀 1개, 레몬(또는 오렌지) 껍질 1/2개분

크림 플레인 요거트 220g, 설탕 100g, 달걀 2개, 오렌지 껍질 1개분

1 먼저 타르트 반죽을 만듭니다. 버터는 냉장고에서 바로 꺼낸 딱딱한 상태이고요, 볼에 버터와 설탕, 달걀을 넣고 포크로 버터를 으깨가며 섞어 줍니다.

2 1의 볼에 밀가루를 넣고 레몬 겉껍질(색깔 있는 부분)을 잘게 갈아 넣어 줍니다. 달걀 냄새와 밀가루 특유의 냄새를 없애기 위함이니, 꼭 넣어 주세요. 반죽을 뭉쳐 둥근 형태로 만들어 랩을 씌워서 1~2시간 냉장고에 둡니다.

3 그동안 속 크림을 만듭니다. 볼 안에 속 크림 재료를 하나씩 넣어주며 거품기로 저어 줍니다. 플레인 요거트-설탕-달걀-오렌지 껍질 순으로 넣어주세요. 껍질을 사용하고 남은 오렌지는 타르트 장식으로 사용해도 좋아요.

4 작업판에 밀가루를 뿌리고 냉장고에 넣어 두었던 반죽을 꺼내 밀어 줍니다.

5 타르트 틀 표면에 버터를 살짝 바르고 밀가루를 골고루 묻혀요. 반죽을 타르트 틀 크기로 밀어 밀대로 반죽을 감싼 후 그대로 틀 위로 이동하여 펴 줍니다.

6 반죽을 틀에 맞게 잘 다듬어 준 후, 속 크림을 부어 줍니다. 180도로 예열한 오븐에서 30분 정도 구워 줍니다. 밑단에 넣고 구워 주세요. 크림이 있는 가장자리가 갈색으로 변하면 다 익은 것입니다. 충분히 식은 후 먹어야 맛있어요. 취향에 따라 생 오렌지를 올려 드셔도 돼요.

딸기 치즈 케이크

딸기 과육이 그대로 씹히는 질감, 흡사 아이스크림 케이크 같은 시원함!

여름이 생일인 아이들을 위해 만들면 좋은 시원하고 상큼한 치즈 케이크입니다. 우리 집 셋째 딸이 딸기 케이크를 참 좋아하는데 더위가 시작되는 6월부터 제가 자주 만드는 케이크죠. 불을 쓰지 않고 만들기 때문에 바쁜 직장 맘들도 도전해보길 추천합니다.

재료 지름 20~22cm 원형 케이크(무스 틀 기준)

케이크 시트 다이제스티브 크래커 100g, 버터 20g, 꿀 5g

크림 리코타 치즈(또는 크림 치즈) 150g, 생크림 150g, 플레인 요거트 125g, 딸기 250g, 설탕 100g, 판 젤라틴 8g **장식** 딸기 2~3개, 피스타치오 약간

1 먼저 케이크 시트를 만듭니다. 믹서에 다이제스티브 크래커와 액체 상태로 녹인 버터, 꿀을 넣고 잘 갈아 줍니다.

2 케이크 틀에 갈아놓은 1의 반죽을 골고루 넣고 꾹꾹 눌러 줍니다.

3 이제 크림을 만들어 봐요. 먼저 판 젤라틴을 물에 담가 10분 정도 불립니다. 불린 젤라틴만 건져 중탕하여 녹입니다.

4 생크림은 설탕을 넣고 전동거품기로 돌려 단단하게 거품을 내어 크림 상태로 만들어 줍니다. 딸기를 잘 씻어 믹서에 갈아 줍니다.

5 볼에 리코타 치즈와 요거트를 넣고 섞어 줍니다. 녹인 젤라틴과 갈아놓은 딸기도 넣고 잘 섞어 줍니다. 마지막으로 생크림을 넣어 잘 섞어 주면 크림은 완성입니다.

6 만들어 둔 케이크 시트 위에 크림을 채워 냉장고에 6시간 이상 둡니다. 시간 여유가 있는 날 미리 만들어 놓았다가 냉동고에 보관하여 먹기 2~3시간 전 꺼내 드셔도 좋습니다.

tip 먹기 직전에 생딸기와 피스타치오를 잘게 잘라 장식해 주세요.

초콜릿 치즈 케이크

초콜릿 케이크와 치즈 케이크를 한 번에 즐길 수 있다면?

두 가지 맛을 한꺼번에 느낄 수 있는 케이크입니다. 치즈 케이크라고 하면 왠지 중급 이상 되는 어려운 베이킹 같지만, 이건 일반적으로 알고 있는 치즈 케이크보다 훨씬 쉬운 레시피로 만드니까 두려워 마세요. 촉촉하고 부드럽고 고소한 케이크가 아이들의 입맛을 사로잡을 거예요.

재료 *20×20cm 사각 케이크*

중력분 150g, 바닐설탕 130g(또는 설탕100g+흑설탕 30g), 달걀 2개, 우유 100g,

다크 초콜릿 120g, 버터 90g, 베이킹파우더 6g

치즈 크림 리코타 치즈(또는 크림 치즈) 200g, 설탕 50g, 밀가루 10g, 달걀 1개, 베이킹파우더 1g

1 먼저 기본이 될 초콜릿 케이크를 만들 거예요. 볼에 버터와 설탕 그리고 초콜릿을 넣고 중탕하여 녹입니다.

2 1의 볼에 달걀을 하나씩 넣어 가며 잘 풀어 주고 우유도 넣어 섞어 줍니다.

3 밀가루와 베이킹파우더는 체에 쳐 놓은 후 2의 볼에 합쳐 잘 섞어 줍니다.

4 유산지를 깔아놓은 케이크 틀에 반죽을 부어 줍니다. 유산지가 없다면 케이크 틀에 버터를 바르고 밀가루를 뿌려 고르게 묻힌 후 반죽을 부어주면 됩니다.

5 토핑용 크림 치즈를 만듭니다. 볼에 리코타 치즈, 설탕, 달걀, 밀가루, 베이킹파우더를 넣고 잘 섞어 줍니다.

6 케이크 틀의 반죽 위로 5의 크림을 부은 후 나무젓가락을 위아래로 휘저어 잘 섞어 줍니다. 케이크 속에 마블이 생기도록 하기 위함인데 생략해도 상관없어요. 200도로 예열한 오븐에서 10분, 180도로 낮춰 30~35분 정도 구워 줍니다. 오븐에서 나오면 틀에서 분리하여 식혀 줍니다. 충분히 식은 후에 드시고 하루가 지나 먹으면 더 맛있어요.

메밀 블루베리 케이크

메밀의 구수한 향이 그대로 묻어나는 고급스러운 케이크입니다.

메밀 케이크를 구워 그 자체로 먹어도 충분하지만, 블루베리잼을 넣어 풍부한 식감을 살려 봤어요. 먹어보면 메밀가루의 매력에 빠지게 될 것입니다. 밀가루가 불편한 아이들이나 어른들에게 좋은 착한 케이크를 소개합니다.

재료 지름 26cm 원형 케이크 또는 20×40cm 사각 케이크

메밀가루 280g, 바닐설탕 180g, 달걀 4개, 우유 200g, 포도씨유 100g, 베이킹파우더 10g, 블루베리잼 150g, 슈거파우더 약간(생략 가능)

1 볼에 설탕과 달걀을 넣고 잘 섞어 줍니다. 우유와 포도씨유도 넣고 잘 섞어 줍니다.

2 메밀가루와 베이킹파우더를 넣고 거품기로 가루가 보이지 않을 정도로 섞어 줍니다. 30초 정도 섞어 주세요.

3 원형 케이크 틀이나 사각 틀에 유산지를 잘 맞춰 깔고 반죽을 부어 줍니다. 180도로 예열한 오븐에 사각 틀의 경우 30분 정도, 원형 틀의 경우 45~50분 정도 구워 주세요.

4 케이크를 꺼내 사각 틀을 사용한 경우 절반으로 자르고, 원형 틀을 사용한 경우 포를 뜨듯 가로로 2등분해 잘라 주면 됩니다.

5 케이크 시트 사이에 블루베리잼을 발라 겹쳐 줍니다. 취향에 따라 다른 잼을 발라도 좋아요.

6 케이크 윗부분에 슈거파우더를 살짝 뿌려도 좋습니다.

tip 바닐설탕이 없으면 동량의 설탕에 바닐라 오일 1g(2~3방울) 또는 바닐라빈 가루 약간을 넣어 주세요.

🧁 코코넛 케이크

크리스마스엔 케이크가 빠질 수 없죠. 크림을 발라 덮는 케이크가 싫증난다면 담백한 코코넛 케이크를 만들어 달콤한 크리스마스를 즐겨보세요. 눈 내리는 화이트 크리스마스를 기다리며 케이크 위에 '코코넛 눈'을 뿌려보았어요.

재료 지름 20cm 원형 케이크

중력분 200g, 코코넛 가루 50g, 코코넛밀크(무가당 코코넛 즙) 190g, 바닐설탕 120g, 소금 약간, 베이킹파우더 7g, 버터 30g, 달걀 2개

장식 과자 생크림 60g, 설탕 30g, 중력분 100g

눈 장식 화이트 초콜릿 70~80g, 코코넛 가루 40~50g

tip 바닐설탕이 없으면 동량의 설탕에 바닐라 오일 1g(2~3방울) 또는 바닐라빈 가루 약간을 넣어 주세요.

1 먼저 케이크를 만들어야겠죠. 볼에 밀가루와 베이킹파우더를 넣고 잘 섞어 줍니다.

2 또 다른 볼에 액체 상태로 녹인 버터와 코코넛밀크, 바닐설탕을 넣고 잘 섞은 후, 달걀과 코코넛 가루를 넣고 1분 정도 더 섞어 줍니다. 1의 밀가루 볼에 부어 가루가 보이지 않을 정도로 섞어 줍니다.

3 케이크 틀에 버터를 바르고 밀가루를 뿌린 후 반죽을 넣고, 180도로 예열한 오븐에서 40~45분 정도 구워 줍니다.

4 장식 과자 재료를 한꺼번에 볼에 넣고 반죽을 뭉쳐 주세요. 작업판에 덧가루를 뿌리고 반죽을 밀어준 후 나무 모양 틀로 찍어요. 180도로 예열한 오븐에서 10분 정도 구워 줍니다.

5 다 구운 케이크를 틀에서 빼내 식힌 후, 중탕해서 녹인 화이트 초콜릿을 케이크에 듬성듬성 발라 줍니다. 화이트 초콜릿을 바른 부분에 코코넛 가루를 뿌려줍니다. 눈이 내린 곳을 표현하는 거예요.

6 구운 쿠키 위에 화이트 초콜릿을 바르고 코코넛 가루를 뿌려 케이크 위에 올립니다. 이쑤시개를 이용하여 쿠키를 세우면 돼요.

초콜릿 피스타치오 케이크

생일이라면 일반적인 원형 케이크로 만들어도 좋은 초콜릿 케이크예요. 장식을 위한
도구나 특별한 손재주 없이, 생크림만 대충 발라 장식해도 근사하게 멋이 나죠. 살살
녹아내리는 달콤한 눈 나무를 먹는 기분, 아이들과 함께 느껴보세요.

재료 9×12cm 나무 케이크 2개 + 9×9cm 별 케이크 2개
케이크 반죽 달걀 6개, 설탕 150g, 중력분 150g, 카카오가루 30g, 버터 20g
크림 생크림 250g, 설탕 40g, 피스타치오(또는 좋아하는 견과류) 50g

1 볼에 흰자와 노른자를 각각 나눠 넣고, 흰자 볼에 설탕 반(75g)을 넣고 거품을 내고, 노른자 볼에도 남은 설탕 반(75g)을 넣고 크림 상태가 될 때까지 저어 줍니다.

2 노른자 볼에 액체 상태로 녹인 버터를 넣고 잘 저어 줍니다.

3 2의 볼에 밀가루와 카카오가루를 체에 쳐 넣어 잘 섞어 줍니다.

4 3의 볼에 흰자 거품을 3~4번에 나눠가며 섞어 줍니다.

5 주걱을 볼 바닥까지 잘 저어가며 느린 속도로 힘 있게 섞어 주세요.

6 20×30cm 정도의 사각 틀에 유산지를 깔고 반죽을 넣어 줍니다. 180도로 예열한 오븐에 25분 정도 구워 줍니다.

7 오븐에서 꺼낸 케이크를 식힌 후 틀로 찍어 모양을 냅니다.

8 크림을 만들 차례예요. 피스타치오를 믹서에 갈아 가루로 만듭니다. 다른 볼에 생크림과 설탕을 넣고 전동거품기로 돌려 크림 상태로 만든 후, 피스타치오 가루와 섞어 줍니다.

9 완성 케이크 하나를 만드는 데 **7**의 찍은 케이크 2개가 필요합니다. 모양을 찍은 케이크

시트 위에 **8**의 크림을 바르고 같은 모양의 케이크 시트로 덮어 크림을 바릅니다. 꼭 평평할 필요도 없고 대충 발라 주세요.

10 모양 틀로 찍고 남은 케이크 자투리를 체에 곱게 내린 후 **9**의 케이크 윗부분에 뿌려 줍니다.

## CHAPTER 8

엄마들의 모임을
더욱 빛내줄
케이크

친구들 또는 엄마들 모임에 갔다 오면 무슨 대화를 했는지는 잘 기억을 못해도 무엇을 먹었는지는 정확히 기억해 내는 사람! 바로 저예요. 맛있는 케이크와 향긋한 홍차 한 잔 곁들인 그런 모임은 왜 이리 잊혀지지 않는지! 그것이 아마 음식이 가진 힘이겠지요.

케이크 하나 근사하게 만들어서 서로의 시간을 나누고 정도 나누는 기회를 만들어 보세요. 다들 즐겁게 먹어준다면 더더욱 에너지가 솟아나죠. 엄마들의 행복한 티타임으로, 재충전 효과까지 얻게 될 거예요.

🍰 티라미수

티라미수를 누구 눈치 보지 않고 마음껏 즐길 수 있다는 거죠. 사실 아이들에게는 커피 마시면 머리 나빠진다는 말로 커피도, 커피가 들어간 과자나 빵도 못 먹게 하잖아요. 어른들 모임에 티라미수를 만들어 향긋한 아메리카노와 곁들여 어른들만의 특권을 누려보길 바라요.

재료 22×13cm 사각 케이크 2개
레이디핑거 쿠키 24개, 에스프레소 150㎖, 아마레토 1큰술(생략 가능), 카카오 가루 약간
크림 생크림 250g, 설탕 80g, 마스칼포네 치즈 250g, 달걀노른자 3개

1 먼저 크림을 만들어 봅니다. 물기가 없는 깨끗한 볼에 생크림과 설탕 40g을 섞어 전동 거품기를 돌려 단단한 크림 상태로 만들어요.
2 또 다른 볼에 마스칼포네 치즈와 달걀노른자와 설탕 40g을 넣고 잘 섞어 줍니다. 이것을 1의 볼에 섞어 크림을 완성해 줍니다.
3 충분히 식힌 에스프레소와 아마레토 술을 섞어 레이디핑거 쿠키에 적셔 줍니다. 커피가 묻은 면이 윗면으로 오도록 쿠키를 용기에 담아 가지런히 놓습니다.

4 만들어 놓은 크림을 3에 적당히 부어 줍니다.
5 다시 레이디핑거 쿠키를 에스프레소에 묻혀 4의 위에 가지런히 깔아 줍니다. 크림으로 덮고 마무리합니다.
6 냉장고에 넣고 4~24시간 정도 지난 후 꺼내 먹기 직전 카카오 가루를 골고루 뿌려 드시면 됩니다.

tip 아마레토는 아몬드 향이 나는 달콤한 알코올 음료수(리큐어)인데 이탈리아 후식에 자주 사용되는 술이에요.

녹차 롤케이크

우려내 마시는 녹차와 분말로 타서 마시는 말차!

같은 차 아니냐고 하실지 모르지만 녹차 롤케이크를 구워 보면 비슷하지 않다는 걸 확실히 알게 될 겁니다. 찻잎 자체를 갈아서 만든 말차가 색감과 향에서 훨씬 진한 깊이를 내 주거든요. 꼭 말차가 아니더라도 카카오 가루, 인스턴트커피 가루 등으로 대체해서 응용 가능한 레시피입니다.

재료 30×20cm 사각 케이크

설탕 80g, 중력분 70g, 달걀 3개, 말차 가루(또는 카카오 가루) 10g, 소금 약간(생략 가능), 우유 15g, 포도씨유 15g

크림 생크림 120g, 설탕 25g

1 볼 두 개를 준비해 달걀을 흰자와 노른자로 나누고 설탕 40g씩 넣고 거품을 각각 내 줍니다. 흰자는 단단한 머랭 상태로, 노른자는 크림 같은 상태면 돼요.

2 노른자 볼에 포도씨유와 우유, 소금을 넣고 섞어 줍니다. 여기에 말차 가루와 밀가루를 체에 쳐 넣어준 후 가루가 보이지 않게 잘 섞어 줍니다.

3 흰자 거품을 2의 볼에 한 주걱씩 2~3번에 나누어 넣으며 섞어 줍니다.

4 유산지를 깔아놓은 오븐 팬에 반죽을 부어 줍니다.

5 180도로 예열한 오븐에서 15~18분 정도 구워준 후, 오븐에서 꺼내 따뜻한 상태에서 돌돌 말아 줍니다. 생크림과 설탕을 볼에 넣고 전동거품기로 돌려 크림 상태로 만듭니다.

6 말아 놓은 케이크가 충분히 식은 후,

다시 펼치고 생크림을 발라 줍니다. 가장자리 1cm 정도는 크림을 바르지 않는 편이 좋습니다. 다시 돌돌 말아주면 완성입니다. 생크림이 남는다면 겉면에 살짝 발라도 맛있어요.

tip 말차 가루 대신 커피 가루를 넣을 경우에는 3g으로 충분합니다.

모카 브라우니

달달하고 부드럽고 묵직한 맛이 매력적인 브라우니.
만들고 하루 지나서 먹으면 더 맛있는데, 그 하루를 참지 못하고 먹게 되는 것이 바로
이 브라우니입니다. 슈라는 만들 때 반죽에 커피를 한 잔 넣어서 만들어 보았어요. 그
렇다고 완성된 브라우니에서 커피 향이 진동하지는 않지만 샴푸 후 린스한 머릿결처럼
그냥 구웠을 때와는 다른 부드러운 달콤함이 느껴진답니다.

재료 20×20cm

오트밀 가루(또는 박력분) 230g, 버터 125g, 다크 초콜릿 150g, 바닐설탕 125g, 달걀 4개,

화이트 초콜릿 100g, 피스타치오(또는 호두) 80g, 베이킹파우더 5g,

에스프레소 50g(또는 따뜻한 물 50g+인스턴트커피 1작은술)

1 볼에 버터와 설탕, 다크 초콜릿을 넣고 중
탕하여 녹입니다.

2 볼을 불에서 내리고 달걀을 하나씩 넣고 풀
어 줍니다. 달걀이 덩어리 지지 않도록 잘 풀
어 주세요.

3 커피를 넣어 줍니다. 에스프레소 또는 인
스턴트커피(믹스 아니고요) 한 숟갈과 따뜻

한 물을 섞어 넣어 주세요.

4 오트밀 가루와 베이킹파우더를 체에 쳐 넣
어 주세요. 가루가 보이지 않을 정도로 거품
기로 꼼꼼히 잘 섞어 줍니다.

5 화이트 초콜릿과 피스타치오를 잘게 썰어 반죽에 넣고 섞어 줍니다. 피스타치오 대신 호두나 좋아하는 견과류를 넣어도 좋아요.

6 사각 팬에 유산지를 깔고 반죽을 넣어 줍니다. 180도로 예열한 오븐에서 55분 정도 구워 줍니다.

7 슈라는 구운 지 45분 후 꺼내 젓가락 테스트를 해 봤어요. 나무젓가락을 찔렀다가 빼내어 반죽이 묻어나오면 다시 넣어 10분 정도 더 익혀야 합니다(나무젓가락에 아무것도 묻어나오지 않아야 완성입니다. 젓가락 테스트는 초보자의 경우 모든 케이크에 적용해 보는 것이 좋습니다).

tip 바닐설탕이 없으면 동량의 설탕에 바닐라 오일 1g(2~3방울) 또는 바닐라빈 가루 약간을 넣어 주세요.

머랭 미니 케이크

입안에서 사르르 녹는 구름사탕 같은 케이크예요.

엄마도 달콤한 것을 좋아한다는 사실을 아이들은 잘 모르더라고요. 엄마들도 단것이 먹고 싶을 때 솜사탕처럼 달콤한 머랭 케이크를 즐겨보아요. 부드러운 생크림과 과일의 조화가 좋은 케이크냐고요? 그보다는 주전부리에 가까운 달달한 간식입니다. 날씨 좋은 날, 예쁜 그릇에 담아 차 한 잔 곁들이면 호사스러운 티타임이 되죠.

재료 지름 8cm 머랭 24개

달걀흰자 3개분, 설탕 150g, 생크림 250g+설탕 40g, 과일 약간

1 달걀흰자를 볼에 담고 흰자 하나당 설탕 50g을 기준으로 해서 150g을 넣어 줍니다. 설탕의 양은 취향에 따라 가감하시면 됩니다.

2 달걀흰자를 전동거품기를 이용해 단단히 거품을 냅니다.

3 깊이가 있는 컵이나 통에 짤주머니를 넣고 머랭 상태가 된 흰자 거품을 넣어 줍니다.

4 오븐 팬에 유산지를 깔고 적당히 간격을 맞춰 짤주머니로 머랭을 짜 줍니다.

5 짜 놓은 머랭 윗부분을 수저로 살짝 눌러 줍니다. 나중에 다 구워진 머랭 위에 생크림 올릴 자리를 마련하는 거예요. 100도로 예열한 오븐에서 2시간 정도 구워 줍니다.

6 오븐에서 꺼낸 머랭을 식힌 후 생크림 250g에 설탕 40g을 넣고 전동거품기로 크림을 만들어 식은 머랭 윗면에 올려 주세요. 원하는 과일을 올려 마무리합니다.

tip 슈라는 블루베리, 머위, 산딸기 등을 올렸어요. 남은 머랭 케이크는 꼭 냉장 보관하셔야 합니다.

모카 시폰 케이크

가을이 되면 꼭 한 번씩 굽게 되는 가을을 닮은 케이크예요.

지금 살고 있는 이탈리아의 가을도 나름대로 낭만이 있고 아름답지만, 진한 커피 향처럼 묻어나오는 슈라의 마음속 가을은 철없던 20대의 달콤한 사랑이 묻어 있던 한국의 가을이죠. 가을이 되면 꼭 한 번씩 굽게 되는 포근하고 진한 향의 모카 시폰 케이크입니다.

재료 지름 22cm 시폰 케이크 1개

중력분 160g, 설탕 140g, 달걀 3개, 포도씨유 60g, 베이킹파우더 4g, 소금 약간,
에스프레소 1잔(50g) 또는 따뜻한 물 50g+인스턴트 커피 약간

1 볼 두 개에 달걀을 흰자와 노른자로 분리하여 넣고 각각 설탕을 70g씩 넣은 후 거품기로 저어 줍니다.

2 노른자 볼을 거품기로 2~3분 정도 저어 준 후 포도씨유와 소금을 넣고 1분 정도 더 저어 줍니다.

3 2의 볼에 에스프레소 1잔 또는 진한 커피 물(50g)을 넣어 섞어 줍니다.

4 밀가루와 베이킹파우더를 체에 쳐 3의 노른자 반죽에 넣어 줍니다.

5 단단하게 거품을 낸 흰자를 4의 반죽에 3~4번 나눠 가며 섞어 줍니다.

6 깔끔한 케이크 모양을 위해 시폰 케이크 틀에 버터를 바르고 밀가루를 뿌려준 후, 반죽을 부어 줍니다. 180도로 예열한 오븐에 넣고 온도를 170도로 줄여 40~50분 정도 익힙니다. 다 구워지면 오븐에서 꺼내 틀에서 분리해 바로 뒤집어 식힙니다.

피칸 오렌지 케이크

첫인상은 피칸, 먹어보면 그 속맛에서는 오렌지가 느껴지는 피칸 오렌지 케이크입니다.
상큼한 오렌지 향이 아주 오래 입안에 남아 있어요. 피칸과 오렌지의 만남에 아줌마들
은 행복한 티타임에 빠져들 거예요.

재료 지름 18~20cm 타르트

박력분 200g, 버터 90g, 설탕 90g, 우유 50g, 오렌지잼 2큰술, 달걀 1개, 소금 약간,
베이킹파우더 3g, 피칸(또는 호두) 100g, 오렌지(또는 한라봉 또는 귤) 껍질 1개분

1 상온에서 2시간 이상 보관한 말랑한 버터와 달걀 그리고 설탕을 잘 섞은 후 우유, 소금을 넣고, 오렌지 껍질도 갈아 넣어 줍니다. 껍질의 하얀 부분까지 갈아 넣지 않도록 주의하세요. 하얀 부분은 쓴맛이 나요.

2 밀가루와 베이킹파우더를 체에 쳐 준 후 1의 볼에 합쳐 줍니다. 반죽이 묽은 편이에요. 주걱으로 대충 섞어 주세요.

3 틀에 반죽을 넣을 거예요. 코팅이 잘 된 틀이라도 틀에 버터를 바르고 밀가루를 뿌려 털어준 후에 반죽을 부으면 나중에 분리하기도 쉽고 예쁜 모양이 유지됩니다. 지름 20cm 정도 되는 타르트 틀에 반죽을 넣고 실리콘 주걱에 물을 살짝 묻힌 후 반죽을 살살 펴 줍니다.

4 반죽 위에 오렌지잼을 1큰술 먼저 바르면서 반죽을 고르게 펴 주세요. 또 1큰술은 반죽을 덮듯이 발라 줍니다. 그리고 그 위에 피칸을 올려주면 돼요.

5 180도로 예열한 오븐에서 20분, 170도로 내려서 10분 정도 더 구워 줍니다. 피칸이 쉽게 탈 수 있으니 오븐의 아래쪽에 넣고 구우면 좋아요.

tip 무게 200~250g 정도 되는 오렌지의 껍질 1개분입니다.

복숭아 케이크

이름은 복숭아 케이크이지만, 다른 좋아하는 과일을 응용해서 만들 수 있는 기본적인 레시피입니다. 사과, 살구, 파인애플, 바나나, 딸기 등 원하는 과일을 올려 구워보세요. 올라가는 과일에 따라 그 맛이 달라져요. 커피보다는 홍차에 어울리는 케이크입니다.

재료 15×20cm 사각 케이크

기장가루(또는 중력분) 100g, 통밀가루 150g, 복숭아 1개, 버터 80g, 바닐설탕 180g, 달걀 2개, 플레인 요거트 125g, 베이킹파우더 5g, 레몬 1개, 소금 약간

1 볼에 달걀과 액체 상태로 녹인 버터와 설탕을 섞은 후 플레인 요거트를 섞어 넣습니다.

2 잘 씻은 레몬의 색깔 있는 겉껍질을 곱게 갈아 넣고 레몬즙도 짜 넣어 줍니다.

3 기장가루, 통밀가루, 베이킹파우더, 소금을 넣고 가루가 보이지 않을 정도로 반죽을 섞어 줍니다.

4 버터를 바르고 밀가루를 뿌려놓은 틀에 반죽을 잘 펴 넣어 줍니다.

5 잘 씻어 껍질을 벗겨 자른 복숭아를 반죽 위에 올립니다. 200도로 예열한 오븐에서 10분, 온도를 170도로 낮춰 15분 정도 구워 줍니다.

tip 바닐설탕이 없으면 동량의 설탕에 바닐라 오일 1g(2~3방울) 또는 바닐라빈 가루 약간을 넣어 주세요.

아몬드 사과 케이크

식감이 좋고 아주 고급스러운 베이커리 느낌이 나는 케이크예요.

개인적으로 사과 케이크를 좋아해서 자구 굽는답니다. 계피 향을 더해도 좋고 오늘처럼 생강가루를 조금 넣어도 풍미가 달라지죠. 초보도 고급스러운 베이킹을 할 수 있다는 자신감을 갖게 할 만한 멋진 케이크입니다. 커피보다는 차와 더 잘 어울려요.

재료 지름 20cm 원형 케이크

사과 500g(작은 것 3개), 오트밀 가루(또는 박력분) 100g, 아몬드 가루 100g, 설탕 70g, 버터 100g, 달걀 3개, 베이킹파우더 5g, 레몬 껍질 1/2개분, 소금 약간, 생강가루 약간

1 상온에서 3시간 이상 보관해 놓은 버터와 설탕, 달걀을 볼에 넣고 잘 섞어 줍니다.

2 레몬 껍질을 색이 있는 부분만 곱게 갈아 넣어 줍니다.

3 오트밀 가루와 베이킹파우더 그리고 생강가루, 소금을 넣고 가루가 보이지 않을 정도로 잘 섞어 줍니다.

4 타르트 틀에 유산지를 깔거나 또는 버터를 바르고 밀가루를 뿌려 케이크가 쉽게 분리되도록 만들어 준 후 반죽을 넣어 줍니다.

5 사과는 껍질을 벗기고 반으로 잘라 씨 있는 부분을 넓게 발라내고 편으로 잘랐어요. 모양을 흐트러뜨리지 말고 두세요.

6 편으로 잘라 놓은 사과를 모양 그대로 조심스레 들어 반죽 위에 올립니다. 어려우면 본인이 원하는 모양대로 자유롭게 올려놓아도 됩니다. 180도로 예열한 오븐에서 30분, 오븐을 끈 상태로 5분 정도 더 둔 후 빼냅니다.

🍰 아몬드 타르트

눈치 100단의 베이킹 달인들에겐 재료의 조합만으로도 맛이 그려질 타르트예요.
아몬드, 달걀, 설탕, 초콜릿⋯. 그 맛 짐작 가나요? 바삭한 타르트 빵 안에 달달하고 고소한 속 재료가 매력적인 아몬드 타르트입니다. 차와 잘 어울리는 가벼운 케이크로 추천합니다.

재료 지름 24cm 원형 타르트
타르트 반죽 중력분 150g, 버터 60g, 바닐설탕 60g, 달걀 1개
아몬드 크림 아몬드 200g, 설탕 90g, 달걀흰자 2개분, 다크 초콜릿 칩 70g

1 타르트 반죽을 만들 거예요. 실온에 두었던 말랑한 버터와 달걀, 밀가루, 설탕을 넣고, 가루가 보이지 않을 정도로 섞어 줍니다.

2 반죽을 둥글게 뭉쳐 랩이나 비닐을 씌워 냉장고에 30분~1시간 정도 둡니다.

3 작업판 위에 유산지를 깔고 반죽을 올려 덧 밀가루를 살짝 뿌린 후 밀대로 밀어 줍니다. 타르트 틀 크기에 맞춰 두께 1cm가 넘지 않도록 얇게 밀어 줍니다.

4 타르트 틀에 버터를 바르고 밀가루를 살짝 뿌린 후 밀어 놓은 반죽을 틀 위에 올립니다. 유산지째로 들어 유산지가 붙은 쪽이 윗면으로 오도록 반죽을 놓고 틀에 맞춰 모양을 잡아 줍니다.

5 이제 크림을 만들 차례예요. 아몬드와 설탕, 달걀흰자를 믹서에 넣고 1분 정도 돌린 후 다크 초콜릿 칩을 섞어 토핑을 만듭니다.

6 완성된 아몬드 크림을 타르트 반죽 위에 골고루 펴 담은 후 타르트 둘레의 여분의 반죽을 크림 높이에 맞춰 접어 눌러 줍니다. 180도로 예열한 오븐에서 25~30분 정도 구워 줍니다. 밑단에 놓고 구워 주세요.

tip 바닐설탕이 없으면 동량의 설탕에 바닐라 오일 1g(2~3방울) 또는 바닐라 빈 가루 약간을 넣어 주세요.

소보로 케이크

이탈리아 만토바 지방의 '스브리졸로나(sbrisolona)'를 소개합니다.

소보로 빵을 먹을 때 늘 아쉬웠던 달콤한 윗부분. 빵을 먹으면서 그 부분만 아껴 나중에 먹기도 하고, 어떨 땐 먼저 먹어버린 후 빵은 좀 남겨두기도 했었죠. 그런데 이탈리아에 오니, 남에게 들키고 싶지 않은 소보루 욕심을 속 시원하게 풀어주는 케이크가 있더라고요. 소보로의 달콤한 부분만 모아 만든 케이크! 케이크라 하기엔 왕 비스킷에 가까운 것 같기도 하네요.

재료 지름 20cm 원형 케이크 2개

바닐설탕 120g, 박력분 200g, 옥수수 가루 70g, 아몬드 가루 120g, 버터 90g, 달걀 1개, 소금 2g, 베이킹파우더 5g, 아몬드 100g(또는 아몬드 50g+피스타치오 50g)

1 넓은 볼을 준비해 아몬드를 제외한 모든 재료를 넣습니다. 버터는 냉장 보관한 것을 꺼내 잘게 잘라 넣었어요.

2 손으로 가볍게 비벼가며 반죽을 잘 섞어 줍니다.

3 케이크 틀 표면에 버터를 바르고 밀가루를 살짝 뿌려준 후 반죽을 올려 펴 줍니다. 1.5~2cm 두께가 적당합니다. 반죽 위에 아몬드를 올려 살짝 눌러 고정시켜 줍니다. 아몬드만 먼저 타지 않도록 하기 위해서예요. 피스타치오를 아몬드와 반반씩 섞어 올려도 좋습니다.

4 180도로 예열한 오븐에서 20분 구웠어요.

tip 옥수수 가루가 꼭 들어가야 제맛이 납니다. 바닐설탕이 없으면 동량의 설탕에 바닐라 오일 1g(2~3방울) 또는 바닐라빈 가루 약간을 넣어 주세요.

당근 파인애플 케이크

No Butter

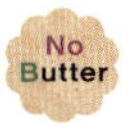

다양한 재료의 조합이 좋은 당근 파인애플 케이크!

개인적으로 당근 케이크를 정말 사랑하는데 생일날 나 자신을 위해 굽는 케이크가 바로 당근 케이크랍니다. 다른 케이크보다 씹는 식감도 즐겁고 다양한 재료의 조합으로 맛도 풍성하죠. 어른들은 당근! 좋아할 만한 케이크예요.

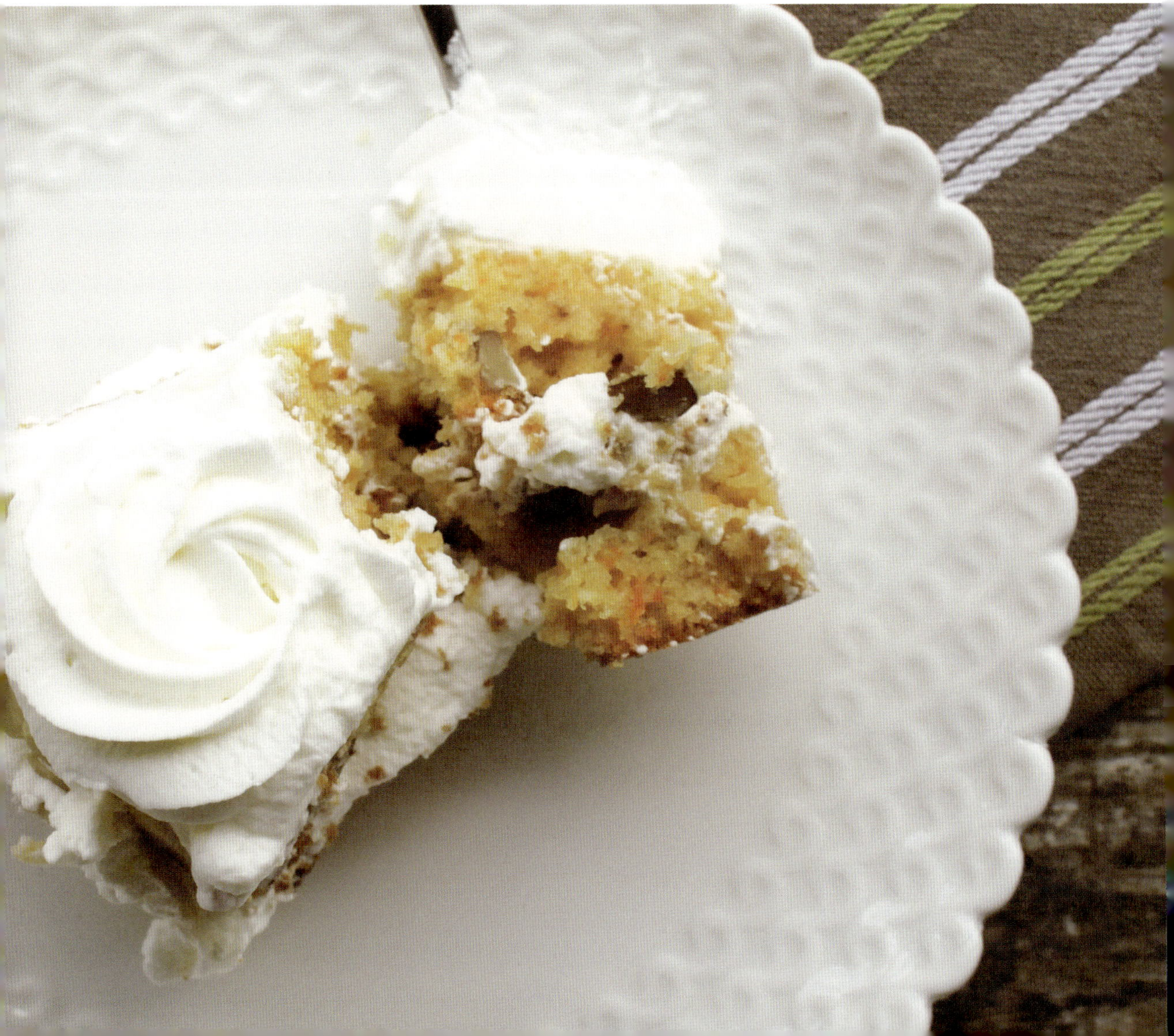

재료 지름 16cm 원형 케이크 1개

박력분 150g, 당근 80g, 달걀 2개, 통조림 파인애플 2쪽(80g), 통조림 파인애플 속의 물 40g,
바닐설탕 70g, 포도씨유 70g, 코코넛 가루 40g, 호두 50g, 베이킹파우더 5g, 생강가루 2g
장식 생크림 500g, 설탕 80g, 아몬드 슬라이스 약간

1 당근은 껍질을 벗겨 잘라 놓은 상태를 기준으로 80g을 준비해 주세요. 당근을 믹서로 갈아 놓습니다.

2 볼에 달걀과 설탕, 포도씨유, 통조림 파인애플에 함께 들어있는 물을 넣고 잘 섞어 줍니다.

3 밀가루와 베이킹파우더, 코코넛 가루 그리고 잘게 자른 파인애플과 호두, 갈아놓은 당근을 2의 볼에 넣고 섞어 줍니다.

4 생강가루도 넣고 반죽을 잘 섞어 줍니다.

5 반죽을 지름 16cm 케이크 틀 2개에 나눠 구웠는데 16cm 틀 하나에 굽고 가로로 반을 잘라 사용해도 좋습니다(초보자의 경우 틀 2개에 나눠 굽는 편이 나중에 모양이 더 깔끔하게 나옵니다). 틀에 버터를 바르고 밀가루를 뿌린 후 털어내 케이크가 쉽게 분리되도록 한 후 케이크 반죽을 부어 줍니다.

6 180도로 예열한 오븐에 넣어 25~30분 정도만 구워요(1개의 틀로 구울 경우 180도에서 40분, 온도를 170도로 낮춰서 10분 더 구워요).

7 다 구운 케이크는 꺼내 식혀주세요. 식은 후 볼록하게 솟아오른 윗부분을 평평하게 잘라 모양을 정리했어요(1개의 틀로 구웠다면 케이크를 가로로 포를 뜨듯 반으로 잘라주세요). 생크림에 설탕을 넣고 전동거품기로 돌려 크림 상태를 만듭니다.

8 케이크 시트 한 면에 생크림을 바르고 다른 케이크 시트를 올려 전체 케이크의 옆면과 윗면에 생크림을 발라 줍니다.

9 초보자의 경우 생크림 표면을 매끄럽게 장식하기 힘들죠. 아몬드 슬라이스를 옆면에 뿌려주면 깔끔하게 마무리할 수 있어요.

10 윗면을 평평하게 두어도 좋지만 조금 더 모양 욕심을 낸다면 짤주머니로 생크림을 장식해 주세요.

tip 바닐설탕이 없으면 동량의 설탕에 바닐라 오일 1g(2~3방울) 또는 바닐라빈 가루 약간을 넣어 주세요.

시나몬 피칸 케이크

동서양을 막론하고 계피가 들어간 케이크를 마다하는 어른은 만나기 힘들더라고요.
한 입 맛보면 저절로 차 한 잔이 생각나죠. 계핏가루 넣어 쉽게 쉽게 만드는 슈라표 케
이크로, 엄마들 모임에 따끈한 홍차와 함께 내 보세요. 고소하게 씹히는 피칸과 혀끝을
자극하는 알싸한 계피 향에 감동하여, 모르긴 해도 아마 레시피를 적어달라는 분들이
속출할 것입니다.

재료 *20×20cm 사각 케이크*
케이크 반죽 중력분 200g, 바닐설탕 90g, 버터 80g, 달걀 1개, 생강가루 1g,
베이킹파우더 8g, 소금 약간
토핑 밀가루 40g, 버터 40g, 설탕 40g, 피칸(또는 호두) 50g, 계핏가루 2g

1 먼저 케이크 반죽을 만들어요. 실온에서 보관한 부드러운 버터와 설탕을 잘 섞은 후 달걀을 넣어 줍니다.
2 밀가루와 베이킹파우더를 넣고 가루가 보이지 않을 만큼 섞은 후 생강가루, 소금을 넣어 반죽을 마무리합니다. 오븐 팬에 유산지를 깔고 반죽을 부어 줍니다.
3 토핑 반죽을 합니다. 실온에 보관한 말랑한 버터와 밀가루, 설탕, 계핏가루를 손으로 비벼가며 잘 섞어 케이크 반죽 위에 올려줍니다. 그 위에 피칸을 골고루 뿌려 줍니다.
4 180도로 예열한 오븐에서 30분 정도 구워 줍니다. 식은 후 먹기 좋게 잘라 줍니다.

tip 바닐설탕이 없으면 동량의 설탕에 바닐라 오일 1g(2~3방울) 또는 바닐라빈 가루 약간을 넣어 주세요.

크림치즈 단팥 케이크

푸근하고 구수하며 달콤한 크림치즈 단팥 케이크!

크림치즈와 단팥? 동서양의 재료가 만났으니 퓨전 느낌의 이색적인 맛이 날까요? 만들고 보니 의외로 맛은 단아하고 담백합니다. 팥이 들어가서 그런지 우리에겐 익숙하고 친근한 느낌이에요. 구수한 달콤함이 딱 어른들이 좋아할 맛입니다.

재료 지름 26cm 시폰 케이크

크림 치즈 200g, 달걀 2개, 중력분 250g, 설탕 150g, 베이킹파우더 8g,
소금 약간, 단팥 250g

1 볼에 크림치즈-설탕-달걀-소금 순으로 넣고 잘 저어 줍니다.
2 다른 한쪽 볼에 밀가루와 베이킹파우더를 넣고 거품기로 저어 섞어 놔요. 이 과정이 싫으면 체에 쳐서 1의 볼에 바로 넣어도 됩니다.
3 1과 2의 내용물을 섞은 후 단팥을 넣어 잘 섞어 줍니다. 단팥은 시판용을 사용하셔도 좋고, 집에서 직접 졸여 만든 것도 좋습니다.
4 케이크 틀에 버터를 바르고 밀가루를 뿌린 후, 반죽을 넣어 180도로 예열한 오븐에서 45~50분 정도 구워 줍니다.

tip 팥은 시판 빙수용 팥도 사용 가능하고요, 직접 삶아 쓰고 싶다면 팥 250g, 설탕 150g의 비율로 삶아 만드시면 돼요. 팥을 처음 삶은 물은 따라 버린 후, 계속 물을 더해가며 팥이 충분히 익을 때까지 삶다가 분량의 설탕과 소금 약간을 넣고 10분 정도 끓여 식히면 돼요.

메이플 리코타 치즈 케이크

메이플시럽과 리코타 치즈의 향이 함께 가볍게 녹아내리는 맛이에요. 리코타 치즈 대신
일반 크림치즈로 대체해도 괜찮지만, 리코타 치즈를 써야 특유의 가벼운 식감과 촉촉
함이 살아나요. 아마 동네 새댁들의 입맛을 사로잡고 말 거예요.

재료 지름 18cm 원형 케이크

케이크 반죽 중력분 150g, 버터 60g, 카카오 가루(무설탕) 10g, 달걀 1개, 바닐설탕 60g, 소금 약간
리코타 크림 리코타 치즈 350g, 메이플시럽 65g, 달걀 2개, 바닐설탕 35g, 중력분 20g

1 먼저 케이크 반죽을 만듭니다. 실온에서 말랑해진 버터와 나머지 케이크 반죽 재료를 볼에 넣고 수저로 가루가 보이지 않을 정도로 섞은 후 뭉칩니다. 랩이나 비닐에 반죽을 싸서 냉장고에서 30분~1시간 정도 굳혀요.
2 리코타 크림을 만듭니다. 볼을 두 개 준비하여 노른자와 흰자를 나눠 넣고 노른자 볼에 리코타 치즈와 메이플시럽, 설탕, 밀가루를 넣고 거품기로 섞어 줍니다.

3 따로 담아놓은 달걀흰자는 거품기를 이용하여 단단하게 거품을 냅니다.
4 흰자 볼과 노른자 볼의 내용물을 섞어 리코타 크림을 완성해요.

5 작업판 위에 유산지를 깔고 냉장고에서 케이크 반죽을 꺼낸 후 반죽 윗부분에 밀가루를 살짝 뿌리고 0.5~1cm 정도 두께로 평평하게 밀어 줍니다.

6 케이크 틀에 반죽이 붙지 않도록 버터를 바르고 밀가루를 뿌려 주세요. 밀어둔 반죽을 뒤집어 유산지가 위로 가도록 해서 케이크 틀에 올립니다. 유산지를 떼고 케이크 틀에 맞게 반죽을 잘 정리해 줍니다.

7 반죽 위에 리코타 크림을 넣고 180도로 예열한 오븐에서 30분 정도 구워 줍니다. 오븐 바닥이 아닌 아랫단에서 구워 주는 것이 좋습니다.

8 오븐에서 꺼내 케이크를 틀에서 분리해 식힘망에 뒤집어 식혀 줍니다.

tip 바닐설탕이 없으면 동량의 설탕에 바닐라 오일 1g(2~3방울) 또는 바닐라빈 가루 약간을 넣어 주세요. 카카오 가루는 무설탕의 제빵용 제품을 말하는 거예요. 우유에 타서 마시는 코코아 가루를 넣으면 안 돼요.

🍰 단호박 소보로 케이크

달콤한 단호박을 쪄 넣어 이렇게 예쁜 노란색이 난답니다. 고소한 소보로로 겉을 장식해 어쩐지 아줌마 마음을 동심으로 돌아가게 하네요. 추억에 색을 입히는 아줌마들의 수다에 한 몫을 할 만한 맛있는 소보로 케이크입니다. 커피보다는 차와 더 잘 어울려요.

재료 11×23cm 직사각 케이크

찐 단호박 250g, 중력분 200g, 생크림 100g, 달걀 1개, 바닐설탕 150g, 베이킹파우더 7g
소보로 땅콩버터 80g, 흑설탕 40g, 중력분 30g

1 찐 단호박과 생크림, 설탕 그리고 달걀을 볼에 넣고 핸드블렌더로 곱게 갈아 줍니다.
2 베이킹파우더와 밀가루를 볼에 넣고 갈아 놓은 1과 섞어 줍니다.
3 소보로를 만듭니다. 땅콩버터와 흑설탕 그리고 밀가루를 포크로 섞어 줍니다.
4 파운드케이크 틀 안에 유산지를 깔고 2의 단호박 반죽을 부어 주세요.
5 반죽 위에 3의 소보로를 골고루 뿌려 줍니

다. 젓가락으로 저어 윗면의 소보로와 아래쪽의 반죽을 대충만 섞어 줍니다. 170도로 예열한 오븐에 50분~1시간 정도 구워 줍니다. 오븐 아랫단에서 구워 주세요.

tip 단호박은 잘 씻어서 찐 후에 잰 무게입니다. 바닐설탕이 없으면 동량의 설탕에 바닐라 오일 1g(2~3방울) 또는 바닐라빈 가루 약간을 넣어 주세요.

생강 케이크

No
Flour

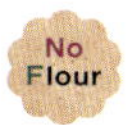

매력 넘치는 생강 향의 케이크를 소개합니다.

생강은 김치에 넣기도 하고 돼지고기 냄새 또는 생선 비린내를 없애는 데 쓰기도 하죠. 필요한 양은 아주 조금이지만 주연보다 더 빛나는 조연의 역할을 합니다. 그런 생강의 성격이 케이크에도 고스란히 적용되죠. 적은 양을 넣어 생강 향이 스치듯 지나가지만 그 향이 아주 오래 입안에 맴돌아 매력 넘치는 케이크를 완성시켜 줍니다.

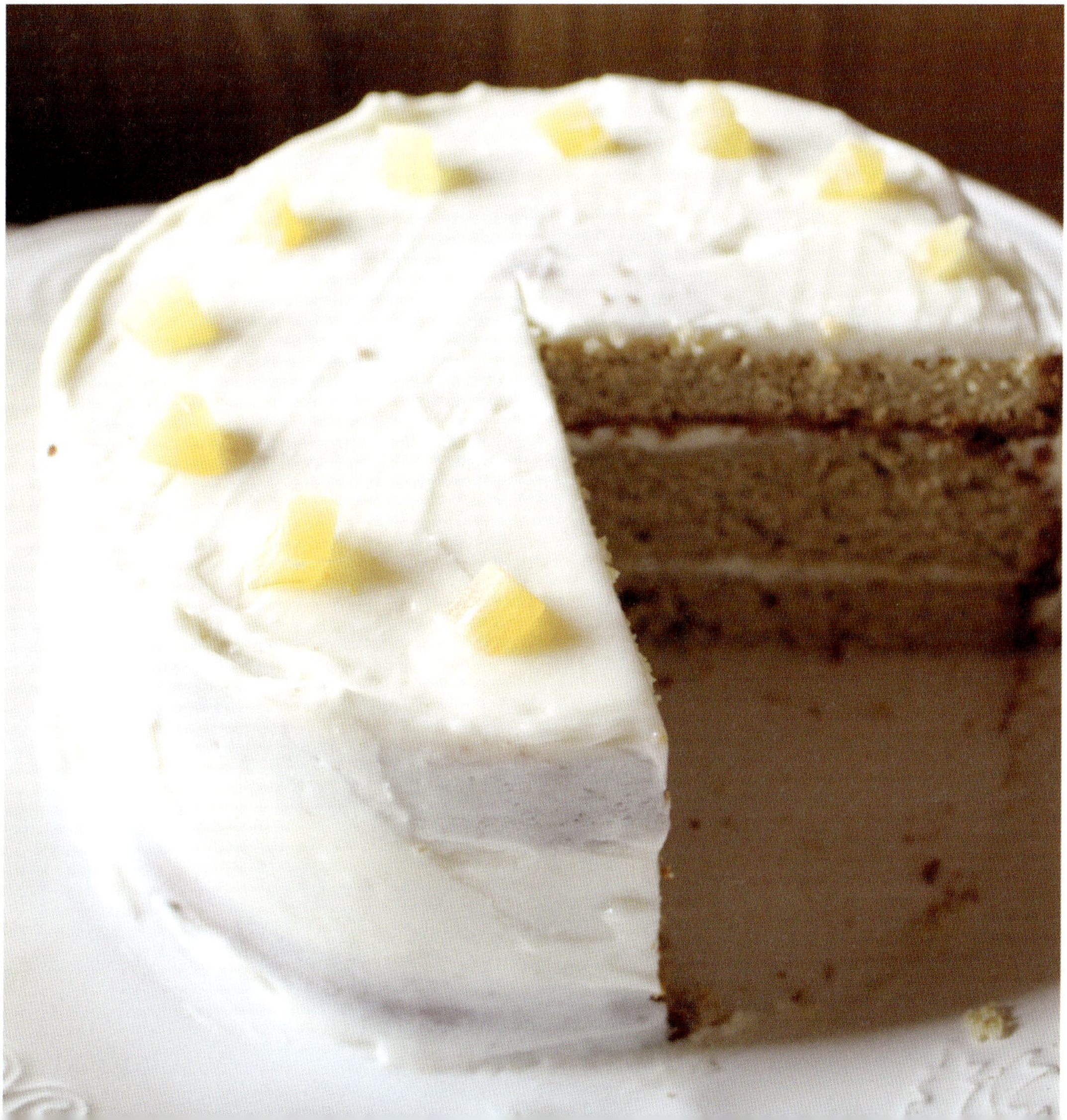

재료 지름 16cm 원형 케이크

달걀 4개, 바닐설탕 160g, 오트밀 가루(또는 박력분) 180g, 버터 50g, 우유 50g, 생강가루 5g,
베이킹파우더 2g

장식 크림 크림치즈 350g, 설탕 150g, 생강편 또는 생강 조림(취향에 따라)

1 먼저 케이크 반죽을 만듭니다. 두 개의 볼에 노른자와 흰자를 각각 나눠 설탕 80g씩 넣고 따로 저어 줍니다.

2 1의 노른자를 거품기로 섞다 보면 연노랑색으로 변하면서 살짝 걸쭉해집니다. 그때 액체 상태로 녹인 버터와 우유를 넣고 다시 섞어 줍니다.

3 2에 오트밀 가루와 베이킹파우더, 생강가루를 넣고 가루가 보이지 않을 정도로 섞어 줍니다.

4 단단하게 거품을 낸 1의 흰자를 3의 반죽과 잘 섞어 줍니다. 반죽을 볼 바닥까지 잘 뒤집어 가며 섞어 주세요.

5 케이크 틀에 버터를 바르고 밀가루를 뿌린 후, 반죽을 부어 180도로 예열한 오븐에서 30분, 온도를 170도로 낮춰 15~20분 정도 더 익힙니다. 케이크를 오븐에서 꺼내 바로 뒤집어 틀에서 분리해 식힘망에 올려 식혀 줍니다.

6 크림을 만듭니다. 볼에 크림치즈와 설탕을 넣고 거품기로 힘차게 저어 크림 상태로 만들어 줍니다.

7 식힌 케이크는 가로로 3층이 되도록 나눠 잘라 줍니다. 적당한 높이의 책을 이용하면 둥근 면을 반듯하게 자를 수 있어요.

8 잘라 놓은 케이크 시트 한 면에 크림을 바르고 케이크 시트를 덮고 다시 크림을 바르고 케이크 시트를 덮어 주세요. 케이크 전체에 깔끔히 크림을 발라 마무리합니다.

9 생강 조림이나 생강편을 올려 케이크 장식을 마무리합니다.

tip 바닐설탕이 없으면 동량의 설탕에 바닐라 오일 1g(2~3방울) 또는 바닐라빈 가루 약간을 넣어 주세요.

🎂 곶감 아몬드 머랭 케이크

이탈리아에 살면서 감을 먹을 수 있다는 것이 얼마나 감사한 일인지 모릅니다.
한국에서 먹던 것과 같은 맛을 이곳에서 만났을 때의 반가움이란! 초겨울마다 아는 분이 곶감을 만들어 선물해 주시곤 하는데, 너무 귀한 선물이라 바로 하나 집어 먹고 냉동고에 넣어 아끼다가 때를 놓쳐 먹지 못했던 곶감! 그 귀한 곶감으로 만든 디저트입니다. 케이크라기보다는 고소한 엿 같은 달달함이 느껴지는 고급 디저트입니다.

재료 지름 18cm 원형 케이크
곶감 4개, 달걀흰자 3개, 아몬드 가루 100g, 설탕 50g, 피칸(또는 호두) 40g

1 곶감은 잘게 잘라 놓고 달걀흰자만 볼에 구분하여 넣습니다. 흰자만 사용할 거예요.
2 달걀흰자에 설탕을 넣고 전동거품기로 단단하게 거품을 냅니다.
3 달걀흰자 거품에 아몬드 가루를 넣고 가루가 보이지 않을 정도로 잘 섞어 줍니다.

4 반죽에 피칸과 잘게 썬 곶감을 넣고 잘 섞어 줍니다.
5 유산지를 깔아놓은 케이크 틀에 반죽을 넣고 170도로 예열한 오븐에서 45~50분 정도 윗면이 연한 갈색이 될 때까지 구워 줍니다.

🍰 연시 케이크

가을이 되면 꼭 권하고 싶은 엄마들을 위한 케이크입니다.

가을 타는 아줌마들의 마음을 촉촉하게 적셔줄 연시로 만든 케이크죠. 가을에만 먹을
수 있다고 생각하니 케이크를 만들 때마다 늘 기분 좋은 떨림이 있어요. 한번 맛을 보
고 나면 슈라처럼 가을이 기다려지실 겁니다.

재료 지름 24cm 시폰 틀 또는 지름 20cm 케이크 틀

오트밀 가루(또는 박력분) 200g, 통밀가루 100g, 연시 2개(200g), 설탕 180g, 달걀 2개,
포도씨유 50g, 베이킹파우더 8g, 소금 1g, 계핏가루 2g

1 오트밀 가루와 통밀가루, 베이킹파우더를
볼에 넣고 거품기로 잘 섞어 줍니다.

2 깨끗한 볼에 달걀과 설탕, 포도씨유, 소금
을 넣고 잘 섞어 준 후 연시를 넣고 덩어리가
생기지 않도록 잘 섞어 풀어 줍니다.

3 1과 2의 재료들을 합쳐 가루가 덩어리 지
지 않게 잘 섞어 풀어 줍니다.

4 계핏가루를 넣고 다시 한 번 반죽을 섞어
마무리합니다.

5 시폰 틀에 반죽을 넣고 180도로 예열한 오
븐에 35~40분, 케이크 틀에 넣고 구울 경우
는 40~50분 정도 구워 줍니다.

CHAPTER 9

밥숟가락 반죽으로 뚝딱!

쉬운 발효빵

슈라는 빵을 좋아하는 남편을 만나 빵을 굽기 시작했어요. 남들이 만든 빵도 따라 해보고 여러 레시피를 찾아보며 열심히 노력했지만 제대로 만들어지지 않는 빵!
탤런트의 연기도 표정이 자연스러움을 찾을 때 보는 사람이 편안한 것처럼 슈라네 집 빵도 점점 힘을 빼고 만들었더니 오히려 제맛을 찾기 시작했답니다.
어깨의 긴장을 풀고 밥숟가락으로 뚝딱! 바삭하고 쫄깃한 갓 구운 빵을 이제 집에서 만들어 드셔 보세요.

포카치아

고소한 올리브 향이 가득한 포카치아!

이탈리아 사람들의 숨은 빵 사랑 중 하나가 바로 포카치아를 향한 것이랍니다. 기본 반죽만 만들면 여러 가지 채소들을 토핑으로 올려 새로운 맛을 낼 수 있죠. 집에서도 충분히 만들 수 있어요. 맛있는 올리브유가 있다면 아낌없이 넣어 보세요. 넉넉한 오일 인심이 전혀 아깝지 않았다는 생각을 할 겁니다.

재료 20×30cm 사각 빵 1개

강력분 250g, 물 200g, 올리브유 10g+덧 기름용 약간, 생이스트 12g(또는 드라이 이스트 4g),
꿀 3g(또는 설탕 2g), 소금 4g

1 빵 반죽을 할 수 있는 넉넉한 볼에 물과 이
스트, 꿀을 넣고 잘 풀어 줍니다.

2 1의 볼에 올리브유와 밀가루를 넣고 수저
로 잘 섞어 반죽이 엉기기 시작하면 소금을
넣습니다. 소금은 발효를 방해하는 성분이니
항상 재료 중 마지막 순서로 넣어 줍니다. 그
리고 2~3분 정도 밥주걱으로 잘 저어 가며
반죽을 합니다.

3 반죽이 담긴 볼에 뚜껑을 덮고 1시간~1시
간 반 정도 실온에서 1차 발효를 합니다. 즉,
반죽이 두 배로 부풀기를 기다리는 거예요.

4 오븐 팬에 올리브유를 넉넉히 두르고 반죽
을 올려 놓습니다. 반죽 접기를 시작합니다.
손에 올리브유를 조금 바르고 반죽을 정사각
형 모양으로 만든 후 세로로 1/3씩 나눠 양
옆을 접고, 다시 위아래로 1/3씩 접어 줍
니다. 그리고 다시 반죽을 손가락으로 눌러
가며 넓게 펴고 올리브유를 윗면에 약간 두
르고 꾹꾹 눌러가며 스며들도록 합니다.

5 다시 40분 정도 발효를 시키면 기본 반죽이 완성됩니다. 여기에 토핑을 다양하게 할 수 있어요. 감자를 얇게 잘라 반죽 위에 올려 소금과 로즈메리를 올리면 감자 포카치아, 올리브를 올리면 올리브 포카치아가 됩니다.

6 200도로 예열한 오븐에서 20분 정도 구워 줍니다.

🥔 감자 포카치아

중독성이 강한 감자 포카치아를 소개합니다.

반죽 자체에 감자를 으깨 넣었어요. 한번 구워 맛을 보면 단골로 굽는 빵이 될 것이라고
감히 확신해 봅니다. 포근한 포카치아를 더 포근하고 부드럽게 만드는 감자의 구수함,
올리브유와 어우러지는 환상의 궁합! 아이들 간식으로 꼭 한 번 만들어줘 보세요.

재료 머핀 12개 또는 20×30cm 사각 빵 1개

강력분 250g, 찐 감자 250g, 물 100g, 생이스트 15g(또는 드라이 이스트 5g), 소금 5g,
설탕 2g, 올리브유 10g+덧 기름용 약간

1 먼저 감자를 삶아 충분히 식힌 후 껍질을 벗겨 250g 준비합니다. 그리고 포크로 으깨 주세요(뜨거운 감자를 으깨 바로 반죽을 하면 밀가루를 많이 먹게 되고 냉장 보관했던 찐 감자를 넣으면 온도가 맞지 않아 발효가 안 됩니다. 상온에서 식힌 감자를 사용하세요).

2 작은 볼에 물을 넣고 이스트와 설탕을 넣어 잘 풀어 놓습니다. 상온에 보관한 물이어야 해요.

3 으깬 감자에 이스트 녹인 물과 밀가루, 올리브유를 넣어 숟가락으로 잘 섞어 줍니다. 반죽이 엉기기 시작하면 소금을 넣어 줍니다.

4 반죽을 4~5분 정도 숟가락으로 잘 뒤적여 반죽한 후 냄비 뚜껑이나 랩을 씌워 1시간 정도 실온에서 1차 발효를 해요(반죽이 두 배로 부풀기를 기다립니다).

5 반죽을 오븐 팬에 넣습니다. 작은 머핀 팬이나 사각 팬 다 좋습니다. 올리브유를 팬에 두른 후 반죽을 나눠 넣습니다.

6 또 한 가지 응용 레시피. 반죽을 어른 손바닥 크기로 만들어 좋아하는 치즈와 꽃술을 제거한 호박꽃을 올려도 좋아요. 호박꽃 포카치아는 요즘 이탈리아에서 유행하는 스타일이랍니다.

팬에 넣은 반죽은 다시 40분 정도 2차 발효를 합니다. 부피가 부풀면 200도로 예열한 오븐에서 20분 정도 구워 줍니다.

피자

피자 좋아하시나요? 이탈리안 피자의 맛을 현지에서 배달해 드릴게요.
밥숟가락으로 만들 수 있는 최고의 피자 반죽을 슈라의 비법으로 알려 드릴게요.

재료 긴 지름 18cm 타원형 피자 4개

강력분 250g, 물 210g, 소금 3g, 드라이 이스트 4g, 설탕 3g, 올리브유 20g+덧기름용 약간, 모차렐라 치즈 300g

피자소스 토마토페이스트 200g+소금 2g

tip 반죽을 먼저 굽고 치즈를 올려 따로 굽는 이유는 가정식 오븐이 화덕이나 영업용 오븐과 달리 온도 전달이 원활하지 않아, 초보자들이 처음부터 치즈 올린 반죽을 구우면 치즈는 타고 반죽은 질척해지는 경우가 종종 있기 때문입니다. 몇 번 굽다가 점점 오븐 쓰는 것에 자신이 생기면 함께 구워도 좋습니다.

1 볼에 물과 설탕을 넣고 이스트를 녹여 줍니다. 여기에 밀가루와 올리브유를 넣고 숟가락으로 반죽을 시작하다(2분), 반죽이 엉기기 시작하면 소금을 넣고 반죽을 합니다(3분). 총 반죽 시간은 5분입니다.

2 반죽 볼에 냄비 뚜껑이나 랩을 씌워 1차 발효를 합니다. 반죽이 두 배로 부풀면(1시간~1시간 반 소요) 숟가락을 찔러 넣고 돌려가며 가스를 빼 줍니다.

3 넓고 둥근 피자 팬에 구워도 좋지만 저는 아이들 먹기 편하도록 작게 굽는 것을 좋아합니다. 오븐 팬에 올리브유를 두르고 반죽을 조금씩 나눠 올려 줍니다. 그리고 다시 2차 발효를 합니다(40분~1시간 소요).

4 피자 소스는 여러 가지가 있는데 스파게티 소스를 이용해도 좋고요, 이탈리아에서는 토마토페이스트에 소금을 조금 넣어 만드는 것이 기본입니다.

5 2차 발효가 끝난 피자 반죽에 소스를 바르고 200도로 예열한 오븐에서 15분 정도 구워 줍니다.

6 반죽을 꺼내 원하는 토핑을 올려 다시 10분 정도 구워 줍니다. 저는 모차렐라 치즈만 올려 구웠어요(여기서 잠깐! 밀라노의 유명 피자 맛집에 가면 반죽을 먼저 굽고 치즈를 올려 다시 구울 때 올리브유를 살짝 뿌려요. 이것이 이 집의 대박 비법입니다). 완성 후 생바질 잎을 올려 먹으면 더 맛있어요.

치아바타

집에서도 속살에 구멍 숭숭 뚫린 쫄깃하고 바삭한 치아바타를 쉽게 만들 수 있어요.
내공이 있어야 하는 특별한 빵이 아니라는 걸 재료부터 만드는 방법까지 쭉 보시면 알
수 있죠. 이름이 가진 뜻 그대로 '슬리퍼' 같이 편안한 빵이구나 싶을 거예요. 자 숟가락
하나 들고 반죽을 시작해 봅니다!

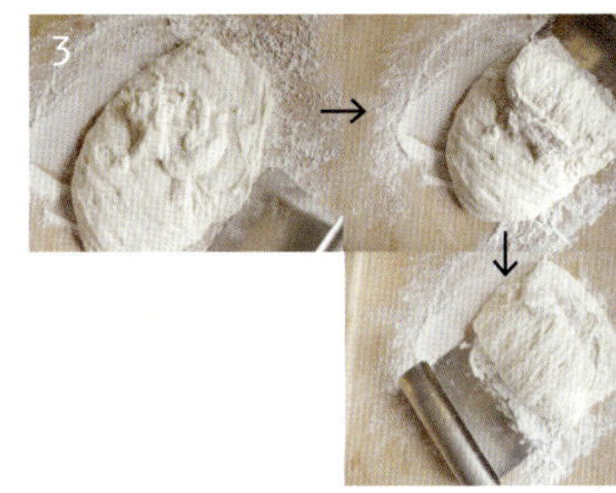
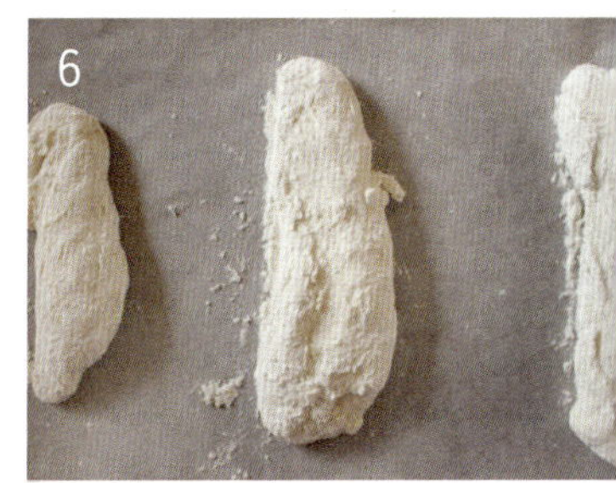

재료 6~7개

강력분 300g, 물 300g, 드라이 이스트 1g, 소금 3g

1 뚜껑이 있는 통에 물 300g과 이스트를 잘 풀어 놓은 후 강력분을 넣고 수저로 가루가 없어질 정도로 저어주다가 소금 3g을 넣고 잘 섞어 줍니다.

2 뚜껑을 덮고 상온에서 1시간 그리고 냉장고에 8~24시간 정도 보관합니다. 슈라는 저녁 시간에 반죽하여 넣어 놓고 다음 날 아침에 다시 꺼냈어요.

3 냉장고에서 꺼낸 반죽을 작업판에 밀가루를 뿌리고 올려 놓습니다. 뒤집개로 반죽을 오른쪽에서 왼쪽으로, 왼쪽에서 오른쪽으로 접어 겹쳐 주세요.

4 다시 반죽을 아래에서 위로, 위에서 아래로 접어 겹쳐가며 반죽을 다듬어 줍니다.

5 반죽 표면에 밀가루를 조금 뿌리고 반죽을 5~6 조각으로 자릅니다.

6 오븐 팬에 자른 반죽을 간격을 두고 늘어놓습니다(반죽이 묽어요, 손으로 만지지 말고 뒤집개나 실리콘 주걱을 사용하세요). 1시간 정도 경과 후 220도로 예열한 오븐의 위쪽에 놓고 20분 정도 구워 줍니다. 그냥 먹어도 맛있고 샌드위치를 만들어 먹어도 좋아요.

우유식빵

사실 꼭 그렇지만은 않아요. 개인적으론 식빵은 한국에서 먹는 식빵이 제일 맛있는 것 같아요. 한국에서 먹는 쫄깃한 식빵이 그리워 만들어 본 슈라네 집 식빵입니다. 두 번에 나눠 반죽을 해야 발효도 잘 되고 빵의 풍미도 좋아져요. 살짝 무게감이 있는 식빵이나 모닝빵, 파네토네를 숟가락 반죽으로 만들 경우 이렇게 반죽을 나눠 하는 것이 성공의 지름길이라는 것을 알려 드립니다.

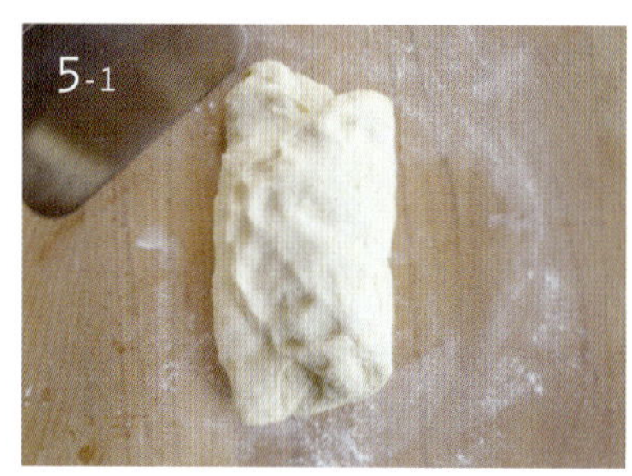

재료 9×21cm 식빵

1차 반죽 우유 150g, 강력분 150g, 드라이 이스트 5g, 설탕 5g

2차 반죽 버터 50g, 달걀 1개, 강력분 200g, 소금 3g

달걀 물(생략 가능) 달걀노른자 1개, 우유 3큰술

1 1차 반죽을 시작합니다. 상온에 두었던 미지근한(20~27도) 우유에 설탕을 넣고 이스트를 잘 풀어 줍니다. 냉장고에 있던 차가운 우유를 바로 사용하면 발효가 안 될 수 있으니 주의하세요.

2 1의 볼에 밀가루를 넣어 숟가락으로 가루가 보이지 않을 정도로 섞은 후, 냄비 뚜껑을 덮고 부피가 두 배로 부풀 때까지 상온에서 1시간 정도 기다립니다.

3 2차 반죽을 해요. 작은 볼에 중탕해서 녹인 버터와 달걀을 넣어 풀어준 후 밀가루를 넣어 섞어요. 이것을 부피가 두 배로 부풀어 오른 2의 반죽에 넣고 섞어 줍니다. 이때 소금도 넣어 주세요. 숟가락으로 섞다 보면 반죽 양이 많아져 힘들다는 생각이 듭니다. 이때 손으로 살짝 주물러 주면서 반죽을 해도 손에 묻지 않아요. 과하게 치대지 말고 잘 뭉쳐질 때까지 1~2분 정도만 만져 주세요.

4 반죽을 볼에 넣고 냄비 뚜껑이나 랩을 씌워 또다시 두 배로 부풀 때까지 기다립니다.

5 반죽이 두 배가 되면 작업판에 밀가루를 살짝 뿌리고 반죽을 놓고 손으로 꾹꾹 눌러 펴준 후 좌우 1/3씩 접어 줍니다.

6 그리고 반죽을 둘로 나누고(300g씩 두 개가 나옵니다) 나눈 반죽을 또 다시 평평하게 만들어 1/3로 접어 돌돌 말아 줍니다(지갑접기라고도 합니다). 치대지 않는 반죽이라 접기를 잘 해주어야 빵이 잘 부풀고 식감이 좋아집니다.

7 돌돌 만 두 덩어리의 반죽을 식빵 틀에 넣어 줍니다. 그리고 다시 반죽이 두 배로 부풀 때까지 기다립니다.

8 반죽이 부풀어 오르면 달걀노른자 1개와 우유 3큰술을 잘 섞어 빵 윗면에 바릅니다. 색감과 윤기를 내기 위함인데 이 과정은 생략해도 좋습니다. 180도로 예열한 오븐에서 35~40분 정도 구워 줍니다.

크림치즈 식빵

크림치즈의 새콤하고 부드러운 향을 담아 구워낸 쫄깃한 식빵입니다.
부드러운 크림치즈와 통밀의 식감이 어우러져 조금은 이색적인 담백함이 느껴진답니다. 늘 먹는 식빵이 조금 심심하고 밋밋하게 느껴지는 날, 색다른 향과 식감의 식빵을 즐기고 싶은 분들에게 추천하고 싶어요.

재료 길이 20cm 식빵

1차 반죽 드라이 이스트 5g, 물 150g, 통밀가루(또는 강력분) 150g, 설탕 5g

2차 반죽 크림치즈 80g, 달걀 1개, 강력분 200g, 소금 3g

1 1차 반죽을 합니다. 볼에 드라이 이스트, 물, 설탕을 넣고 잘 섞어준 후 통밀가루를 넣어 섞어 줍니다. 반죽 윗부분이 마르지 않도록, 냄비 뚜껑이나 랩으로 볼을 덮어 발효를 시켜요. 부피가 두 배가 될 때까지 실온에서 1시간~1시간 반 정도 기다립니다.

2 작은 볼에 크림치즈와 달걀을 잘 풀어 섞어 둡니다.

3 2차 반죽을 합니다. 부피가 두 배로 부푼 1의 반죽에 2의 볼 내용물을 넣고 2차 반죽용 강력분을 넣어 반죽해 줍니다.

4 반죽을 가루가 보이지 않을 정도로 수저로 잘 섞은 후 소금을 넣어 줍니다. 손으로 만져가며 둥글게 만들어 다시 볼에 넣고 랩을 씌워 둡니다. 1시간~1시간 반 후 반죽이 부풀어 오릅니다.

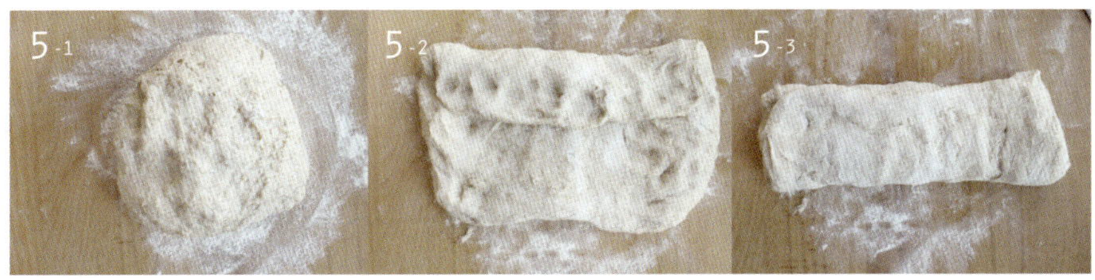

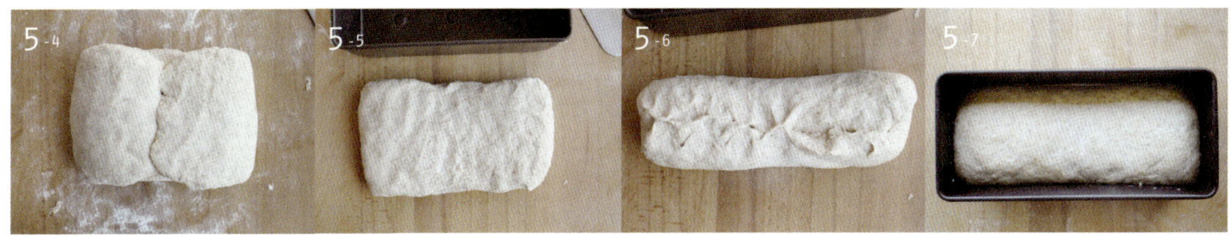

5 작업판 위에 밀가루를 조금 뿌리고 반죽을 올려 대충 손으로 평평하게 펴 줍니다. 그리고 위쪽 1/3을 아래로 접고 아래쪽 1/3을 위쪽으로 겹치게 접은 후, 양 옆을 다시 세로로 접어 꾹꾹 눌러서 식빵 틀에 맞게 길이를 맞춰 줍니다. 그리고 길이대로 1/3씩 다시 접어준 후 식빵 틀에 넣어 1시간 정도 발효시킵니다(치대는 반죽이 아니에요. 접는 과정을 신경 써서 잘 해야 쫄깃하고 포근한 식빵이 됩니다).

6 틀에 넣은 반죽이 두 배로 부풀면(실온에서 1시간 정도) 윗면에 우유를 살짝 발라 줍니다. 갓 구워져 나온 빵의 겉면이 바삭하도록 하는 과정인데 생략하셔도 됩니다. 180도로 예열한 오븐에서 30분 정도 구워 줍니다.

씨앗 통밀 빵

통밀의 거친 식감에 씨앗 씹히는 맛이 아주 좋은 빵입니다.

개인적으로 슈라가 무척이나 좋아하는 빵이기도 하죠. 소금이 들어간 짭짤한 안주용 씨앗만 아니라면, 해바라기 씨, 호박씨도 좋고 깨 종류를 함께 넣어도 잘 어울려요. 씨앗이 마구 씹힐수록 빵 맛도 더욱 고소하게 느껴지죠. 이제 숟가락 집어 들고 만들어 볼게요!

재료 지름 15cm 2개

통밀가루 150g, 강력분 150g, 물 220g, 생이스트 12g(또는 드라이 이스트 5g), 꿀 5g, 소금 2.5g, 모둠 씨앗(호박씨, 해바라기 씨, 참깨, 흑임자 등) 20g

1 볼에 이스트와 물 그리고 꿀을 넣고 잘 풀어 줍니다.

2 강력분과 통밀가루를 넣고 수저로 잘 섞어 줍니다. 반죽이 어느 정도 뭉치기 시작하면 (1분 후) 소금을 넣고 다시 1분 정도 섞어 줍니다.

3 반죽에 랩을 씌우고 1시간 정도 상온에 둡니다. 반죽이 두 배로 부풀면 1차 발효가 성공한 것이죠.

4 부푼 반죽에 준비한 씨앗을 넣고 반죽과 섞어 줍니다. 씨앗은 소금이 첨가되지 않은 마른 씨앗입니다.

5 작업판 위에 밀가루를 조금 뿌리고, 반죽을 올린 후 평평한 사각형 형태로 만들어 세로로 1/3씩 접어준 후 둥글게 만들어 반죽을 2등분합니다.

6 2등분한 반죽을 작은 공 모양으로 둥글게 만져준 후 40~50분 정도 발효를 합니다. 오븐에 넣기 전 날카로운 칼로 빵 윗면을 살짝 그어 줍니다. 220도로 예열한 오븐에서 20~25분 정도 구워 줍니다.

호밀 빵

숟가락 반죽으로 만드는 빵 대부분이 반죽이 진데 이런 빵의 특징은 식감이 부드럽다는 것입니다. 진 반죽으로 갓 구워낸 빵은 겉은 바삭하고 속은 쫄깃하고요, 시간이 지나면 겉과 속이 함께 부드러워지죠. 호밀 빵은 특히 숟가락 반죽으로 만드는 빵 중에 최고라 할 수 있어요. 맛을 보는 순간, 숟가락 반죽의 위대함을 느낄 것입니다.

재료 20×14cm 1개

강력분 150g, 호밀가루 50g, 물 150g, 소금 3g, 드라이 이스트 3g

1 볼에 물을 넣고 이스트를 잘 풀어 줍니다.

2 1의 볼에 강력분과 호밀가루를 넣고 소금을 넣어 숟가락으로 잘 섞어 줍니다.

3 반죽을 섞다가 손으로 만질 수 있을 만큼 잘 뭉쳐지면 손으로 2~3분 정도 꾹꾹 눌러 줍니다.

4 반죽에 랩을 씌워 두 배로 부풀 때까지(1차 발효) 실온에서 1시간 정도 기다립니다.

5 두 배로 부푼 반죽을 볼에서 꺼내 작업판 위에 밀가루를 깔고 넓게 펴 줍니다. 반죽을 평평하게 눌러 세로로 1/3씩 나눠 안쪽으로 접어준 후 다시 반죽을 둥글게 만들어 줍니다.

6 둥글게 만든 반죽을 오븐 팬에 옮겨 부피가 두 배로 부풀 때까지(성형 발효) 1시간~1시간 반 정도 기다립니다. 200도로 예열한 오븐에서 25~30분 정도 구워 줍니다.

tip 빵을 오븐에 넣고 구울 때 뜨거운 물 200g 정도를 오븐용 용기에 담아 오븐 아랫단에 함께 넣어주면 빵의 식감이 더욱 좋아집니다.

요거트 빵

베이킹 초보들을 위한 심플한 빵이에요.

"이보다 쉽고 빠르게 만들 수 있는 빵이 있으면 나와 봐!"라고 자신 있게 소개하고 싶은 빵입니다. 아무리 숟가락으로 빵을 만든다 해도 어렵게 느껴진다는 분들을 위해 자신감 심어주기용 빵 레시피 하나를 선물합니다. 발효시키는 과정도 없고 그냥 이것저것 재료를 섞어서 굽기만 하면 끝! 맛은 물론 굿~입니다.

재료 지름 21cm 1개

강력분 250g, 우유 120g, 플레인 요거트 125g, 소금 3g, 레몬즙 1/2개분, 베이킹파우더 4g

1 볼에 우유와 플레인 요거트를 섞은 후 레몬즙도 1/2개분 넣어 줍니다.

2 베이킹파우더를 넣어 잘 섞어 줍니다.

3 밀가루와 소금을 넣고 가루가 보이지 않을 만큼(2분 정도) 반죽을 잘 섞어 줍니다.

4 오븐 팬에 유산지를 깔고 반죽을 올려요. 덧밀가루를 살짝 뿌리고 반죽을 만져 대충 둥글게 모양을 잡아 줍니다. 이때 손으로 만지지 말고 뒤집개나 실리콘 주걱을 사용하세요. 200도로 예열한 오븐에서 30분 정도 구워 줍니다.

 무화과 빵

무화과가 언제부터인가 인기 과일로 떠오르고 있죠.

견과류를 넣은 빵과는 또 다른 매력이 있는 무화과 빵을 소개합니다. 이 빵은 특히 제가 파리 여행 갔을 때 사랑에 빠졌던 빵 중 하나였어요. 그때는 빵 속에 하나씩 씹히는 건무화과가 무엇인지 몰라 감탄만 하며 먹었었는데, 나중에 이탈리아 산동네에서 우연히 다시 먹어보고 귀하게 얻게 된 레시피입니다.

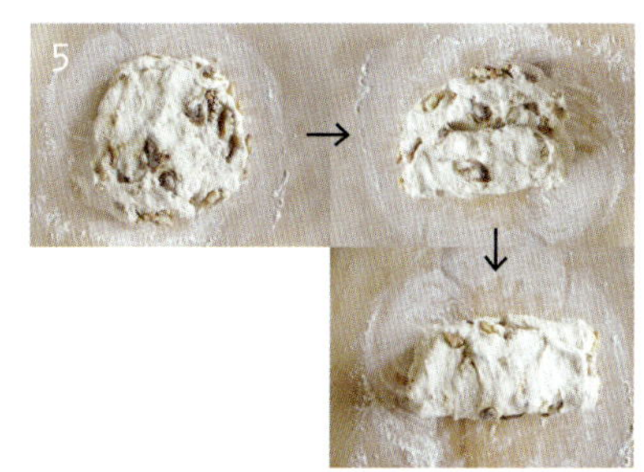

재료 지름 15cm 2개

물 190g, 꿀 5g, 강력분 200g, 보릿가루(또는 통밀가루) 80g, 버터 20g, 소금 4g, 드라이 이스트 3g, 반 건조 무화과 8~10개(또는 건무화과 80g), 호두 80g

1 물과 꿀 그리고 이스트를 볼에 넣고 잘 섞어 줍니다.

2 보릿가루와 강력분을 넣고 액체 상태로 녹인 버터를 넣어 섞어 줍니다.

3 가루가 보이지 않고 반죽이 잘 엉기기 시작하면 소금을 넣고 2분 정도 더 숟가락으로 섞어 줍니다.

4 무화과와 호두를 잘게 잘라 넣어 줍니다(완전 건조된 무화과는 물에 1~2시간 정도 불린 다음 사용합니다). 반죽을 1차 발효 합니다. 반죽이 담긴 볼에 랩을 씌워 두고 1시간~1시간 반 정도 지나 반죽이 부풀어 두 배 정도가 되면 숟가락으로 반죽을 뒤적여 가며 가스를 빼 줍니다.

5 작업판 위에 밀가루를 살짝 뿌리고 반죽을 올려 놓습니다. 손바닥으로 넓적하게 눌러 놓은 후 반죽을 가로 1/3씩 접어 겹친 후 둥글게 접어 줍니다.

6 각자 취향에 따라 모양을 만들어 오븐 팬에 올립니다. 다시 성형 발효(2차 발효)를 합니다. 반죽이 두 배로 부풀면 발효가 완성된 것입니다. 210도로 예열한 오븐에서 30분 정도 구워 줍니다.

단호박 초콜릿 빵

일단 보기만 해도 맛에 대한 의심 없이 하나씩 집고 보는 인기 만점 빵이에요. 노란 단호박
에 심심치 않게 박힌 달콤한 초콜릿 칩이 개구쟁이 아이의 마음을 사로잡기 딱이랍니다.

재료 7~8개

강력분 300g, 우유 150g, 드라이 이스트 5g, 설탕 5g, 버터 40g, 삶은 단호박 125g, 소금 3g,
초콜릿 칩(또는 다크 초콜릿) 60g, 달걀물(달걀노른자 1+우유 5ml)

1 볼에 삶은 단호박을 으깬 후 우유와 액체 상태로 녹인 버터, 설탕을 넣고 잘 섞어 줍니다. 여기에 드라이 이스트를 넣고 잘 풀어준 후 2~3분 그냥 두세요.
2 강력분과 소금을 넣고 숟가락으로 반죽을 잘 섞어 줍니다. 2분 정도 뒤적거려주면 됩니다. 반죽을 1차 발효시키는데, 반죽이 두 배로 부풀 때까지 상온에 1시간 정도 두세요. 반죽 윗부분이 마르지 않도록 냄비 뚜껑이나 랩으로 볼을 덮은 채 발효시키세요.
3 부풀어 오른 반죽에 초콜릿 칩을 넣고 (또는 다크 초콜릿을 다져 넣고) 섞어 줍니다. 반죽에서 거미줄처럼 결이 생기면서 반죽이 볼에 들러붙어야 발효가 성공한 것입니다.
4 작업판에 덧밀가루를 조금 뿌리고 반죽을 올려 놓은 후 7~8개 덩어리로 나눠 줍니다.
5 반죽을 둥글게 만들어 오븐 팬에 간격을 두고 늘어놓은 후 2차 발효를 합니다. 반죽 위를 랩으로 덮고 40분~1시간 정도 둡니다.
6 굽기 전, 달걀노른자와 우유를 섞어 만든 달걀물을 반죽 윗면에 바릅니다. 180도로 예열한 오븐에서 20분 정도 구워 줍니다.

미숫가루 잡곡 빵

구수한 미숫가루를 넣어 만드는 잡곡 빵입니다.

한국에서 욕심 내어 들고 온 미숫가루는 슈라네 집에서 여름이 지나면 냉동고 한 구석에서 처치 곤란 식재료가 되곤 했죠. 하지만 미숫가루를 베이킹 재료로 사용하고부터는 냉동고에 넣을 시간도 없이 인기 있는 빵으로 팔려 나갔답니다. 바로 지금 소개하는 구수한 잡곡 빵처럼 말이죠!

재료 *20×12cm 3개*

물 230g, 강력분 200g, 미숫가루 50g, 소금 4g, 드라이 이스트 4g

1 볼에 물을 넣고 이스트를 잘 풀어 섞은 후 밀가루를 넣어 줍니다.

2 밀가루를 잘 섞어준 후 미숫가루도 넣고 대충 섞어요. 소금도 넣어 주세요. 반죽에 두 배로 부풀 때까지 실온에서 1시간 정도 기다립니다(1차 발효).

3 두 배로 부푼 반죽을 작업판 위에 밀가루를 조금 뿌리고 올려 주세요. 세로로 1/3씩 접어 겹쳐주며 모양을 만들어 주세요.

4 반죽을 3등분한 뒤 유산지를 깐 오븐 팬에 뒤집개로 옮겨 줍니다. 다시 부피가 두 배로 부풀 때까지 1시간 정도 기다립니다(성형 발효). 200도로 예열한 오븐에서 25~30분 정도 구웠어요.

tip 설탕이 들어 있지 않은 미숫가루를 사용하세요.

오트밀 빵

풍부한 단백질과 섬유질, 비타민B1이 함유되어 있는 오트밀의 영양을 그대로 담아 만든 빵입니다. 밀가루 100%로 구운 빵과는 다른 깊이 있는 풍미를 맛보고 싶다면 꼭 만들어 보세요. 빵을 만드는 작은 수고가 행복으로 느껴지게 될 겁니다. 고소하게 씹히는 피칸의 질감은 보너스! 다들 숟가락 준비되셨나요? 그럼 이제 멋진 빵을 구워 볼게요.

재료 20×15cm 2개

물 170g, 드라이 이스트 3g, 설탕 2g, 오트밀 가루 100g, 강력분 120g, 피칸(또는 호두) 50g,
소금 3g, 꿀 5g

1 볼에 물과 꿀, 이스트를 잘 풀어 줍니다.

2 오트밀 가루와 밀가루를 넣고 잘 섞어 주세요. 반죽에 랩을 씌우고 부피가 두 배가 될 때까지 실온에서 1시간 정도 기다립니다.

3 반죽이 두 배로 부풀면 잘게 자른 피칸을 넣고 숟가락으로 뒤적여 가며 가스를 빼 줍니다.

4 작업판 위에 밀가루를 한 숟가락쯤 뿌리고 반죽을 올려놓은 후 세로 1/3 정도씩 겹쳐 접어 모양을 만들어 줍니다.

5 오븐 팬에 반죽을 올려놓고 1시간 정도 지나 부피가 두 배로 부풀기를 기다립니다. 반죽 윗부분을 칼로 그어 주고 210도로 예열된 오븐에서 25~30분 정도 구워 줍니다.

## CHAPTER 10

영원한 빵의 친구
잼 만들기

설탕과 과일만 넣고 졸이면 되는 줄 알았던 잼이 이탈리아에 와서 보니 조금 다르더라고요. 잼에서 나는 향부터 다르다는 것을 느꼈는데, 설탕 졸인 냄새가 아닌 과일 향이 나더군요.
한국 할머니들에게 장 만드는 비법이 있다면 이탈리아 할머니들에게는 잼 만드는 비법이 있답니다. 과일의 특성따라 달라지는 이탈리아 할머니들의 비법을 응용해 저 슈라가 잼 만드는 방법을 알려드릴게요.

딸기잼

그 향에 반해 잼에 대한 기대도 컸었죠. 하지만 엄마의 딸기잼은 딸기보다는 설탕 조림 맛이 강했어요. 그래서인지 개인적으로 딸기잼을 좋아하지 않았는데, 최근 친구의 딸기 잼을 먹어보고는 잼 사랑을 다시 시작하게 되었죠. 설탕 맛이 강해서 잼이 싫었다면 슈라네 집 딸기잼처럼 만들어 보세요.

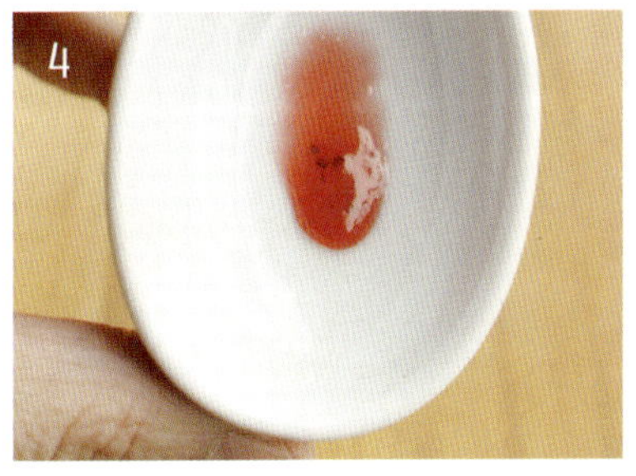

tip 딸기의 당도가 좋은 편이면 설탕은 300g으로 충분해요. 이탈리아 딸기는 놀랄 정도로 맛이 없어서 슈라는 설탕 400g을 넣어 만들었어요.

재료

딸기 1kg, 설탕 300~400g, 레몬 2개

1 먼저 딸기를 깨끗이 닦아 주세요. 꼭지를 따고 잘게 자른 후, 레몬즙을 짜서 딸기에 섞고 설탕을 뿌려 1시간 정도 둡니다. 딸기에서 제법 물이 많이 나와요.

2 설탕 뿌린 딸기를 그대로 냄비에 넣고 강한 불에 올려서 끓기 시작하면 중불로 줄이고 거품을 걷어내기 시작하세요(거품은 꼭! 걷어내야 합니다. 거품에 불순물이 섞여 있기도 하고, 거품에 있는 산소 때문에 나중에 딸기잼 맛이 변하기 때문이죠. 처음엔 거품 양이 많고 점차 양이 줄지만 생기는 거품은 꾸준히 걷어내야 해요).

3 거품을 걷어내면서 50분 정도 졸이니 잼이 완성되었어요. 딸기의 양에 따라 졸이는 시간이 달라지지만, 1kg을 졸였을 때는 50분이란 뜻입니다.

4 잼이 완성된 걸 어떻게 아냐고요? 테스트 방법을 알려드릴게요. 잼을 졸이면서 거품을 걷어내다 보면 거품이 처음처럼 묽지 않고 굳기 시작한다는 느낌이 옵니다. 접시 테스트를 하면 정확한데, 잼을 접시에 한두 방울 떨어뜨려 30초가 지난 후 기울였을 때 주르륵 흘러내리지 않고 천천히 조금만 내려오면 완성이에요.

5 잘 씻어 물기가 없는 유리병에 뜨거운 상태의 잼을 채워 넣고 뚜껑을 닫아 1시간 정도 엎어두어 진공 상태를 만들어 줍니다. 식은 후 냉장고에 보관하고 먹으면 돼요.

 오렌지잼

우리나라 할머니들의 손맛이 있듯이 이탈리아 할머니들도 베이킹을 할 때 손맛이 있어요. 잼 만드는 법도 아주 조금씩 다르지만 그것이 비법일 때가 많더라고요. 오랜 세월 늘 해 왔던 방법이 누군가에겐 비법이 될 수 있어요. 바로 이 오렌지잼처럼 말이죠. 껍질까지 다 넣어 쌉싸름하고 새콤달콤한 오렌지잼을 만들어 봅니다.

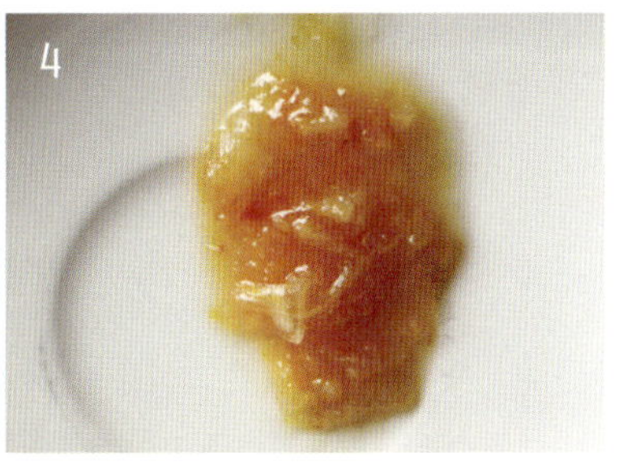

재료

오렌지 1kg, 설탕 500g, 물 150g, 계피 1개

1 오렌지를 잘 씻어 껍질을 벗기고 벗긴 껍질을 잘게 잘라 줍니다.

2 잘게 자른 껍질을 냄비에 넣고 찬물을 넣어 끓입니다. 물이 끓고 1분이 지나면 물만 따라 버리고 다시 찬물을 채워 넣고 끓여요. 총 세 번 이렇게 끓여주고, 세 번째는 끓는 물을 버린 후 오렌지 껍질을 찬물에 10분 정도 담가놓았다가 체에 건져요. 껍질의 쓴맛을 빼기 위함입니다.

3 오렌지 과육을 잘라 냄비에 넣고 설탕과 물, 계피를 넣어 끓이기 시작합니다. 센 불에서 30분, 중불에서 20분(이때부터는 잘 저어 줘야 해요!), 약한 불에서 10분 저어가며 졸입니다.

4 잼이 완성되면 냄비의 불을 끕니다. 완성 확인 테스트는 접시에 잼을 올려놓고 기울여 봤을 때 주르르 빠르게 흘러내리지 않으면 됩니다.

5 계피를 빼내고 식은 후 핸드블렌더로 대충만 갈아 줍니다. 완전히 곱게 갈면 씹는 식감이 없어 재미없어요.

6 잘 씻어 놓은 병에 뜨거운 잼을 담은 뒤 거꾸로 세워 진공 상태를 만듭니다.

 # 살구잼

살구잼은 우리나라에서는 귀하지만, 이탈리아에서는 대중적이고 인기 많은 잼 중 하나입니다. 살구잼의 묘한 상큼함에 이끌려 살구가 한창일 때를 기다렸다가 넉넉하게 사다가 꼭 만드는 잼이에요. 손꼽아 때를 기다린 만큼 보람 있는 맛을 선사해 주죠.

재료

살구 1kg, 설탕 300g, 물 2국자(80~100g)

1 잘 손질한 살구와 물을 냄비에 넣고 40분 정도 중간불에서 끓입니다. 끓이는 중간중간 잘 저어 주세요(살구가 딱딱하다 싶으면 물 2국자, 살구가 말랑하면 1국자부터 넣고 끓이기 시작합니다. 1국자만 넣은 경우 20분 정도 끓이다가 살구가 냄비에 달라붙는다 싶을 때 물을 더 넣어주시면 돼요).

2 40분이 지난 후 설탕을 넣고 20분 정도 더 졸여주면 됩니다. 설탕을 넣은 후부터는 더 자주 저어야 해요. 딸기잼처럼 거품이 많이 올라오지는 않지만 거품은 꼭 제거해 주세요. 완성 시간과 묽기는 각자 주방 사정에 따라 달라질 수 있어요.

처음부터 설탕을 넣고 끓이지 않는 것이 포인트입니다. 마지막에 레몬즙을 넣는 분들도 있는데 슈라네 집은 아이들이 싫어해서 생략해요.

3 접시에 잼을 묻혀 30초 후 접시를 기울여 잼이 흐르게 합니다. 이때 잼이 떨어지는 속도가 더디면 성공입니다. 대충 제가 알려준 시간대로 하면 다 성공이에요!

보관은 말이죠! 깨끗한 병(뜨거운 물에 끓여 소독하여 물기를 제거한)에 살구잼이 뜨거울 때 담아 바로 뚜껑을 닫고 보관해요.

tip 물의 양은 100g을 넘기지 마세요. 살구는 잘 씻어 씨를 빼고 손질한 무게가 1kg입니다. 껍질은 벗기지 않았는데, 껍질을 벗겨 넣고 싶은 분들은 껍질과 씨를 벗긴 후의 무게를 재셔요. 1년은 보관 가능하나 3~4개월 지나면 처음 맛 같지는 않아요. 옛날처럼 식재료 구하기 힘든 세상도 아니니 제철 과일로 조금씩 만들어 드시는 것을 권해요.

사과잼

사계절 내내 먹을 수 있는 흔한 과일이라 잼으로서의 상품가치가 낮아서 그런지 이탈리아에서는 시판 사과잼을 만나기 쉽지 않아요. 그래서 만들기 시작했는데 이제는 사과잼을 판매한다 해도 사먹지 않을 만큼 홈메이드 사과잼에 중독되어 버렸죠.

재료

깨끗이 손질해 자른 사과 1kg, 설탕 300g, 물 400ml, 계피 1개(취향에 따라)

1 사과는 잘 씻어 껍질을 벗겨 잘게 잘라 준비합니다. 사과와 물을 넣고 끓이기 시작해요(어른들이 먹을 잼이라면 이때 계피 한 개를 넣고 끓이다가, 설탕을 넣기 전 빼 주세요). 처음엔 사과가 물보다 많다 싶지만 끓기 시작하면 물이 많아져요. 끓기 시작하면 중불로 줄여 20분 정도 더 졸입니다.

2 20분 후 사과의 색이 말갛게 변하고, 물이 자작하게 남아 있는 정도다 싶으면 설탕을 넣습니다. 설탕을 넣고 중불에서 10분 끓인 후 불을 꺼 줍니다.

3 어느 정도 식으면 잼을 핸드블렌더로 갈아 주세요. 잘 씻어놓은 병에 뜨거운 상태의 완성된 잼을 넣어 뚜껑을 닫아 주세요! 뜨거운 상태에서의 작업이니 조심하셔야 합니다.

복숭아잼

재료

껍질을 벗기고 씨를 뺀 복숭아 1kg, 물 1컵(200ml), 설탕 300g

1 냄비에 잘 씻어 껍질을 벗기고 씨를 빼 놓은 복숭아를 작게 잘라 넣고 물을 함께 넣고 끓입니다.

2 30~40분 경과 후, 물이 줄어들고 복숭아가 퍼지기 시작하면 설탕을 넣고 20분 정도 더 끓여 줍니다. 잘 씻어 놓은 병에 담아 보관합니다.

체리잼

선물하기도 좋은 근사한 잼이에요.
체리의 색감이 진해서 만들어 놓으면 유독 '귀티'가
나는 잼 중 하나입니다. 씨를 바르고 손질하는 것이
번거롭긴 하나 만들어 놓으면 그 수고가 아깝지 않을
만큼 참 근사한 잼이 되지요. 정말 좋아하는 사람에
게만 선물하는데, 선물하기도 아까울 정도로 맛있는
잼이에요.

재료
체리 1kg, 설탕 350g, 레몬 1개(레몬즙 50g), 물 50g

1 체리를 잘 씻어 씨를 빼 줍니다. 씨를 뺀 체
리의 무게가 1kg입니다.
2 냄비에 체리와 설탕 그리고 레몬즙을 짜 넣
고 2시간 정도 둡니다.
3 체리에서 물이 적당히 빠지면 냄비 그대로
불에 올리고 40~50분 정도 중불에서 졸여

줍니다. 개인적으로 체리 씹히는 식감이 좋
아 갈지 않았는데 싫다면 취향에 따라 핸드
블렌더로 갈아주셔도 돼요. 잘 씻어 물기가
없는 병에 담아 보관합니다.

블루베리잼

블루베리의 진한 색만큼이나 진한 향이 좋은 잼이에요. 가격이 저렴한 과일은 아니지만 케이크를 만들 때 자주 사용하는 잼이기에 욕심을 내어 만들게 됩니다. 물론 식빵이나 유럽식 담백한 빵에 곁들여도 당연히 잘 어울리죠. 아껴서 오래오래 먹고 싶은 매력적인 잼입니다.

재료

블루베리 500g, 설탕 150g, 레몬 1개

1 블루베리는 잘 씻어 체에 밭쳐 물기를 빼서 준비합니다. 볼에(또는 잼을 만들 냄비)에 블루베리와 설탕, 4~6조각으로 자른 잘 씻은 레몬을 함께 넣어 수저로 섞어 줍니다.

2 냉장고에 3~4시간 정도 둔 후 꺼내어 레몬을 빼내고 냄비에 담아 중불에서 끓이기 시작합니다.

3 끓인 지 30분 정도 지나면 약불로 바꿔 10분 정도 더 끓입니다. 핸드블렌더로 적당히 갈아준 후 잘 씻어 놓은 병에 담아 뚜껑을 덮으면 됩니다.

INDEX

사랑하는 **내 아이**에게

갓 구운 **빵**과 **쿠키**

초판 1쇄 2016년 5월 2일
초판 3쇄 2016년 8월 25일

지은이 ｜ 이정화

발행인 ｜ 이상언
제작책임 ｜ 노재현
편집장 ｜ 이정아
기획&진행 ｜ 손영선
디자인 ｜ 버튼티 조인숙
마케팅 ｜ 오정일, 김동현, 김훈일, 한아름

발행처 ｜ 중앙일보플러스(주)
주소 ｜ 서울특별시 중구 통일로 92 에이스타워 4층
등록 ｜ 2007년 2월 13일 제 2-4561호
판매 ｜ 1588-0950
제작 ｜ 02-6416-3933
홈페이지 ｜ www.joongangbooks.co.kr
페이스북 ｜ www.facebook.com/hellojbooks

ⓒ 이정화, 2016

ISBN 978-89-278-0757-5 13590

중앙북스는 중앙일보플러스(주)의 단행본 출판 브랜드입니다.

홈베이킹을 통해
건강하고 행복한 삶을 추구하는
브레드가든

"

㈜브레드가든은 1995년 설립된 홈베이킹 전문 기업으로 국내 환경에 맞춘 브레드가든만의 홈베이킹 레시피와 시연강좌를 통해 국내에 홈베이킹 문화를 안착시켰으며, 지속적인 연구 개발을 통해 건강하고 실용적인 한국식 홈베이킹 확산에 앞장서고 있습니다.

최근에는 국내뿐 아니라 중국 유명 온라인 쇼핑몰과 대형마트, 프리미엄 마켓에 브레드가든 제품을 수출하며 글로벌 기업으로서의 입지를 다지고 있으며 **2020년, 세계 3대 홈베이킹 회사가 되는 것을 목표로** 아시아 입맛에 맞춘 베이킹 재료 제조와 베이킹 도구, 가전을 생산하며 많은 사람들이 집에서도 손쉽게 홈베이킹을 즐길 수 있도록 노력해오고 있습니다.

"

all about homebaking

홈베이킹의 모든 것을 만나볼 수 있는 브레드가든 Baking world~

[브레드가든 직영매장]

[브레드가든 입점매장]

홈베이킹의 모든 것을 만나볼 수 있는 브레드가든 직영매장

1. 반포점 (고속터미널점) 2. 홍대점 3. 강남점

**전문 베이킹 스튜디오에서 강좌도 배우고~
셀프 베이킹도 가능한 브레드가든 입점매장**

4. 현대시티아울렛 (동대문점 2F)
5. 현대백화점 (판교 8F)
6. 롯데월드몰 (잠실 4F)

귀차니즘 이 강한 당신에게 권해드리는 최고의 온라인 쇼핑몰~

다양한 이벤트와 기획전이 펼쳐지는 홈베이킹 전문몰 [www.ezbaking.com] 브레드가든몰

그 외에도 브레드가든을 만날 수 있는 곳!! 브레드가든 www.breadgarden.co.kr 네이버 포스트 post.naver.com/ezbaking 페이스북 www.facebook.com/breadgarden1995